Peter Modler

# Die Manipulationsfalle

Selbstbewusst im Beruf mit dem
Arroganz-Training® für Frauen

✳ | KRÜGER

Erschienen bei FISCHER Krüger
© S. Fischer Verlag GmbH, Frankfurt am Main 2014
Satz: Pinkuin Satz und Datentechnik, Berlin
Druck und Bindung: CPI books GmbH, Leck
ISBN 978-3-8105-1322-9

Den Frauen, die in deutschen Kliniken arbeiten

# Inhalt

# Vorwort

## Ein Erfolg und neue Fragen

Meine Arbeit mit Männern und Frauen in Führungspositionen hielt ich selbst ursprünglich für gar nicht so originell. Auf die Idee, darüber ein Buch zu schreiben, ist ein Verlag gekommen, ich nicht. Ich zweifelte daran, dass jemand in einem Buch lesen wollte, was ich in meinen Seminaren erlebte. Es war doch alles so selbstverständlich, so offensichtlich. Daraus etwas zu machen, was nach Belehrung aussehen könnte, erschien mir überzogen. Ich ließ mich aber überreden und schrieb 2009 über meine Erfahrungen »Das Arroganz-Prinzip«. Mit einer Fachdiskussion über das Buch unter Kollegen rechnete ich, auch mit der einen oder anderen Rezension, aber nicht damit, dass daraus ein Bestseller wurde.

Natürlich haben auch sehr viele Menschen ganz zu Recht das Buch nicht gelesen, weil sie es einfach nicht brauchen. Viele Frauen kommen in ihrer beruflichen Umgebung mit Männern durchaus klar, das sollte man nicht vergessen. In meine Seminare kommen in der Regel aber eher diejenigen, bei denen das anders ist. Es sind meist Frauen, die gut ausgebildet sind, mit vielen Kompetenzen, oft mit nachweislichen beruflichen Erfolgen – aber leider auch mit der Erfahrung tiefer Irritation bis hin zu fast traumatischen Erlebnissen durch Übergriffe männlicher Kollegen, Vorgesetzten, Mitarbeiter und Kunden. Ich will diese Erfahrungen nicht unangemessen verallgemeinern, so, als ob das gesamte Berufsleben im deutschen Sprachraum eine einzige War-Zone im Geschlechterkrieg wäre. So ist es sicher nicht. Aber ich führe nun meine »Arroganz-Trainings®« seit neun Jahren durch, und die Nachfrage nimmt weiterhin stetig zu. Ich höre von immer neuen Erfahrungen aus allen Branchen, bei denen Frauen trotz großer Fähigkeiten kleingemacht werden. Daraus schließe ich mittlerweile, dass der Anteil solcher Erlebnisse am »normalen« Berufsalltag viel höher ist, als es sich unser politisch korrekter Konsens eingesteht. Übrigens ist das gerade in den sich besonders intellektuell gebenden Milieus in keiner Weise anders. Ich sehe auch innerhalb der Generation jüngerer Führungskräfte kein grundlegend anderes Verhalten. Man hat seine Lektion gelernt und vermeidet etwa im betrieblichen Kontext offen sexistische Bemerkungen. Aber sobald es um echte Machtauseinandersetzungen geht, um ein ganz konkretes Budget, eine reale Kostensenkung, eine tatsächliche Einflussposition, wird schnell deutlich, wie wenig mit allein sympathisch klingender Wortwahl eigentlich erreicht wird.

Der Umfang eines Buches ist begrenzt, und darum konnte schon im Vorgängerband »Das Arroganz-Prinzip« eine ganze Reihe von Themen nicht aufgenommen werden. Es war dort auch nur möglich, bestimmte

Fragen kurz zu streifen, obwohl sie eigentlich eine viel gründlichere Betrachtung verdient hätten.

Darum gehe ich im hier vorliegenden Buch in einem eigenen Kapitel auf die Manipulationsmöglichkeiten durch männliche Vorgesetzte ein. Diese Strategien zu durchschauen ist nicht so einfach wie bei einer offenen Aggression, weil sie absichtlich leise daherkommen. In der Wirkung können sie aber viel gnadenloser sein. (Siehe Kapitel 2)

Auch dem Thema sexueller Übergriffe am Arbeitsplatz gehe ich in diesem Buch ausdrücklich nach. Es betrifft alle Hierarchiestufen in Organisationen und Betrieben, die Sachbearbeiterin genauso wie die Chefin, und es ist branchenübergreifend. Man ist solchen Übergriffen durchaus nicht hilflos ausgeliefert; wie man sich im Einzelfall zur Wehr setzen kann, stelle ich ausführlich in Kapitel 3 vor.

Landauf, landab wird das Evangelium gepredigt, man müsse überall und jederzeit authentisch sein. Leider kann dieser Anspruch, wenn er fundamentalistisch wird, gerade Frauen in Betrieben den Kopf kosten. Wie Sie aus Ihrer beruflichen Rolle eine Rüstung für die Seele machen, steht in Kapitel 4.

Viel bedeutsamer als die Frage, ob jemand aus Quoten-Gründen auf die jeweilige Position kam oder nicht, ist die Frage, wie man sich in den ersten Monaten vor Ort verhält. Vor welchen Fehlern man sich in der Anfangsphase im neuen Job unbedingt hüten sollte, lesen Sie in Kapitel 5.

Wenn Sie sich auch darüber ärgern, dass man Ihre beruflichen Qualitäten nicht entsprechend wahrnimmt, und, vor allem, Sie auch nicht das Gehalt bekommen, das Sie eigentlich verdienen – dann interessiert Sie vielleicht Kapitel 6.

Viele Frauen unterschätzen es komplett, welche Botschaften sie im E-Mail-Verkehr über den reinen Wortlaut hinaus aussenden. Mit dem falschen E-Mail-Verhalten kann man sich ziemlich schnell unwichtig machen. Darum geht es im Kapitel 7.

Es gibt Firmenkulturen, in denen frau es von Anfang an extrem schwer hat, wenn sie eine Führungsposition einnimmt. Das kann an einer dort seit langem zementierten Manipulationsstruktur liegen. Wie man die Anzeichen dafür erkennt und dann Konsequenzen zieht, statt sich dort jahrelang sinnlos abzuarbeiten, steht im Kapitel 8.

Gerade Frauen mit extrem guten Fähigkeiten im verbalen Ausdruck gehen oft in Konflikten mit machtbewussten Männern unter. Weil die verbale Kompetenz nämlich in Machtauseinandersetzungen gar nichts nützt. Aber was hilft stattdessen? Das verrät Kapitel 9.

Es ist ja durchaus nicht so, dass Konflikte am Arbeitsplatz nur zwischen Männern und Frauen entstehen. Auseinandersetzungen unter Frauen laufen aber in der Regel anders ab, wenngleich am Ende nicht weniger belastend. Was in diesem besonderen Kontext wie funktioniert, lesen Sie in Kapitel 10.

Immer wieder gibt es Situationen, in denen es eine einzelne Frau mit einer scheinbar geschlossenen Männergruppe zu tun hat. Wie findet man dort Zugang? Dafür gibt es ein paar Werkzeuge, und die werden in Kapitel 11 erklärt.

Jedes Geschlecht hält die eigenen Kommunikationsgewohnheiten für selbstverständlich. Das ist ein bisschen beschränkt. Was diese Art von Borniertheit für die Arbeit in Firmen und Organisationen bedeutet, steht in Kapitel 12. Dort finden Sie auch Hinweise zu einem speziellen Thema, nämlich wie Chefinnen mit Männern umgehen, die aus Macho-Kulturen kommen.

Ja, und wenn Sie sich dieses Buch zwar gekauft haben, aber einfach nicht zum Lesen kommen, dann empfehle ich wenigstens einen Blick in Kapitel 13. In den »Zehn Regeln gegen Manipulierbarkeit« steht das Wesentliche in kürzester Form. Zumindest das sollten Sie wissen.

## Methode und Anliegen

Die Methode, mit der ich in meinen Seminaren arbeite, habe ich seit vielen Jahren nur geringfügig modifiziert: Ich engagiere zur Demonstration der Sprachsysteme einen Sparringspartner, der lediglich zwei Qualifikationen braucht: Zum einen muss er ein Mann sein und zum anderen deutsch können. Er wird nur in einem einzigen Seminar eingesetzt und danach nicht mehr; er darf kein professioneller Schauspieler sein und kein Therapeut. Dieser Sparringspartner wird nicht vorbereitet und bekommt keinerlei Regieanweisungen. Er betritt den Seminarraum nur, wenn wir dort zu dem konkreten Erlebnis einer Teilnehmerin kommen. Das inszenieren wir dann vor allen anderen Teilnehmerinnen. Die Betroffene selbst nimmt als Zuschauerin Platz, nachdem sie sich aus dem Kreis der Anwesenden eine Stellvertreterin ausgesucht hat. Der Sparringspartner übernimmt die Rolle des seinerzeit am Konflikt beteiligten Mannes. Dann wird die Szene nachgespielt, bis sie »stimmt«. Anschließend wird der Sparringspartner aus dem Raum geschickt, und wir drinnen unterhalten uns über bessere Handlungsalternativen. In einer zweiten Runde wird dieselbe Szene noch einmal aufgeführt, die Teilnehmerin wird sich – weil wir das Verhalten des beteiligten Mannes inzwischen analysiert und Alternativen entwickelt haben – anders verhalten als vorher. Der Sparringspartner wird gerade wegen seiner Unvorbereitetheit realistisch darauf reagieren, und wir können auf diese Weise konkret testen, was bei ihm wie funktioniert. Diese Methode ist angeregt vom Psychodrama Jacob Morenos und vom Provokativen Stil Noni Höfners, ist aber in dieser Form mit den Jahren von mir selbst entwickelt worden. Dafür, dass die Werkzeuge, die die Teilnehmerinnen im Verlauf dieser Workshops kennenlernen, in ihrem Berufsalltag nachhaltige Effekte haben können, gibt es viele Bestätigungen. Meine Erfahrungen mit dieser Methode habe ich auch diesem Buch zugrundegelegt.

Voraussichtlich wird es mit diesem neuen Band wieder ein paar Missverständnisse geben. Aber Verrat an Männern sollte man mir bitte ebenso wenig unterstellen wie Dressurversuche an Frauen. Ich bin kein Psychologe, den Ehrgeiz habe ich nicht, und ein Genderforscher bin ich auch nicht. Ich habe zuallererst ein wirtschaftlich motiviertes Interesse als Unternehmensberater: Firmen und Organisationen arbeiten in gemischten Teams besser, gerade auch auf Führungsebene. Das bedeutet, dass weder rein männliche noch rein weibliche Teams so gut sind wie der Mix. Das ist eine inzwischen vielfach belegte Tatsache, die auch meiner persönlichen Erfahrung entspricht. Insofern ist die erhöhte Beteiligung von Frauen an Management-Verantwortung eine ebensolche Bedingung für nachhaltigen wirtschaftlichen Erfolg wie etwa eine gesicherte Energieversorgung oder eine Infrastruktur – etwas eigentlich Selbstverständliches, was sich nur noch durchsetzen muss.

Nur noch?

Leider sind die Hindernisse, die diesem eigentlich »Selbstverständlichen« entgegenstehen, enorm. Vernünftige Argumente allein nützen wenig. Kompetente Frauen und erst recht die in Führungspositionen müssen im Beruf nicht permanent das Schwert schwingen, aber sie sollten wissen, wo es bereitsteht, und – wenn es doch einmal nötig wird – dann auch professionell und ohne Zögern damit umgehen. Die Manipulationsfallen, die dabei eine Rolle spielen, bestehen aus Bauteilen, die beide Geschlechter liefern. Menschen aus einem vertikalen System manipulieren oft über direkten Druck, setzen ganz offen Erpressung ein und instrumentalisieren gezielt vorhandene berufliche Strukturen. Meistens haben diejenigen darunter zu leiden, die aus einem horizontalen System kommen.

Auch in diesem Buch gilt der Hinweis, dass alle verwendeten Eigennamen verändert wurden und vielleicht vorhandene Ähnlichkeiten mit lebenden Personen in keiner Weise beabsichtigt sind.

Für ihre unbestechliche, konstruktive Kritik danke

ich meinen Töchtern Magdalena und Teresa, meinem Freund Ekkehard Pohlmann und meiner Mitarbeiterin Anne Kotterer.

Und nun ans Werk. Viel Spaß beim Lesen.

Ihr Peter Modler

Kapitel 1

# Die Sprache der zwei Welten
oder: Warum Frauen und Männer
Aliens sind

## Sich einen Namen machen

Was ist das für eine Spezies, die möglichst an Orten mit hoher Passantendichte, in Bahnunterführungen, an Hauswänden, auf Fahrzeugen mit erheblichem technischen Aufwand Botschaften verbreitet, bei denen das Wichtigste der eigene Name ist? Welche biologische Art ist das, die sich wegen des Bedürfnisses, sich öffentlich bemerkbar zu machen, auf Verfolgungsjagden einlässt, Nachtsichtgeräte einsetzt und Strafanzeigen riskiert? Nur damit sich in einem bestimmten geographischen Raum das eigene Zeichen verbreitet? – Es scheint sich um Homo sapiens zu handeln, weil dieses Wesen ein technisches Know-how einsetzt, das Tiere völlig überfordern würde. Und, noch genauer, es handelt sich wohl überwiegend um den männlichen Teil dieser Spezies. Kaum einem weiblichen Exemplar ist das Ziel – *mein* Tag, *mein* Zeichen in allen Straßen – diesen Aufwand wert. Die Graffiti-Szene in den Großstädten des Planeten Erde hat sich inzwischen gesplittet in eine große Masse von Anwendern, die sich weiterhin nächtens Katz-und-Maus-Spiele mit der Polizei leisten, und eine kleine Strömung mit explizit künstlerischem Anspruch. Ursprünglich ausgegangen war die Bewegung von jungen Männern aus den Ghettos, die sich in ihrem Revier »einen Namen machen« wollten. Bereits ein kurzer Blick auf diese Szene charakterisiert sie als zugehörig zu einer typischen Form von Kommunikation, die die amerikanische Soziolinguistin Deborah Tannen als »vertikal« bezeichnet. In dieser Sprachwelt will man schnellstmöglich den eigenen Rang innerhalb der Gruppe und das eigene Revier in Abgrenzung zu anderen Territorien klären. Verbale Differenzierungen bekommen erst viel später Bedeutung.

Ein grundlegend ähnliches Interesse wie bei den Graffiti-Leuten beobachte ich immer wieder auch in vielfältig wechselnden beruflichen Settings in Firmen und Organisationen. Es gibt Ausnahmen, das schon, aber in der Regel ist, laut Tannen, vertikale Kommunikation überwiegend bei Männern anzutreffen. Die Deutsche Bahn hat diese Form der Kommunikation in Form vertikaler Zeichnungsbedürfnisse allein im Jahr 2011 über vierzehntausendmal erlebt. Ungleich häufiger aber, wenngleich nicht so plakativ-graphisch, tritt diese »Sprayer«-Mentalität in männlich dominierten Arbeitswelten auf, vom Kleinbetrieb bis zum Dax-Konzern. Die Tatsache, dass zur Graffiti-Szene kaum Frauen gehören (nach Einschätzung der ZEIT sind 94 Prozent aller »Writer« männlich), weist weit hinaus über diese eingegrenzte Szene. Denn die meisten Frauen bewegen sich in einer ganz anderen Kommunikationsstruktur. Dafür hat Tannen den Begriff »horizontale Kommunikation« geprägt. Das horizontale System setzt auf gleichwertigen Informationsaustausch und auf gegenseitige Gesichtswahrung. Es wird dort nicht gern gesehen, wenn jemand sich selbst herausstellt. Harmonische Gruppengefühle sind besonders wichtig. Es ist ein System, das sich sehr schnell sach- und inhaltsorientiert verhalten kann.

Demgegenüber beobachtet Tannen bei der Mehrzahl von Männern ein ganz anderes Kommunikationsverhalten. In ihrem vertikalen System ist zuerst zu klären, welchen Rang jede Person in einer Gruppe hat. Wenn diese Rangordnung geregelt ist, entspannt sich das System und ist arbeitsfähig. Wenn sie aber nicht geregelt ist, gerät es unter Stress und tut alles, um die Rangordnung zu klären, oft in Form von Rivalitätsspielen und Revierverhalten. Dieses System ist rasch machtorientiert und oft erst im zweiten Schritt an Sachfragen interessiert.

In manchen Firmenkulturen werden Tannens Erkenntnisse entrüstet zurückgewiesen, weil sie nicht zum offiziellen Anspruch der prinzipiellen Gleichberechtigung zu passen scheinen, den man sich auf die Fahnen geschrieben hat. Natürlich weiß Tannen genau wie ich, dass es auch Ausnahmen im von ihr beobachteten Verhalten gibt und eine Schwarzweißdarstellung nur vorläufig weiterhilft. In Wirklichkeit sind mehr Differenzierungen vonnöten als die, die ein Denken in Systemen wiedergeben kann. Es kann aber trotzdem sehr produktiv sein, mit solchen Hypothesen zu arbeiten. Durch eine sinnvolle Vereinfachung können nämlich charakteristische Grundzüge schneller erkennbar werden.

Was ich von vielen Frauen aus ihrem beruflichen Umfeld höre – unter dem Siegel der Verschwiegenheit –, bestätigt inzwischen für mich Tannens Ansatz voll und ganz.

Menschen aus einem vertikalen Kommunikationssystem tauschen sich zunächst auf den beiden Achsen von Rangordnung und Revierbotschaften aus, die in einem horizontalen System keine große Bedeutung haben. Es ist völlig sinnlos, diese beiden Achsen nur deswegen zu diskreditieren, weil sie im eigenen System eine so geringe

## Kommunikationsachsen im vertikalen Sprachsystem

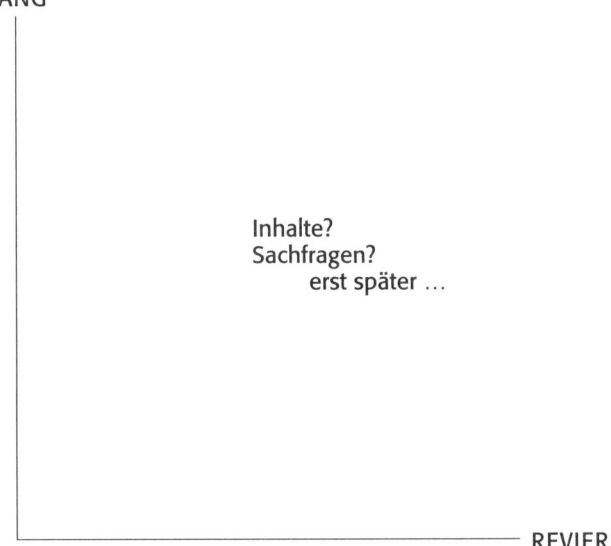

RANG

Inhalte?
Sachfragen?
    erst später …

REVIER

**Rangklärung:**
- Wer ist meine Vorgesetzte/mein Vorgesetzter? (und übt diese Person ihre Rolle auch tatsächlich aus?)
- Wessen Vorgesetzte/Vorgesetzter bin ich?
- Stimmt die Hierarchie von letzter Woche noch?

**Reviere:**
- Die Fläche des Büros (beginnend an der Türschwelle)
- Die Schreibtischfläche
- Die Sitzordnung in der Besprechung
- Der Platz auf dem Besprechungstisch, den ich mit meinen Unterlagen belege

Rolle spielen. Leider tauchen Inhalte und Sachfragen in diesen Koordinaten jedoch noch gar nicht auf! Das bedeutet natürlich nicht, dass diese Themen grundsätzlich nie Bedeutung bekommen. Sie bekommen sie durchaus; aber oft erst dann, wenn Rang- und Revierfragen geklärt wurden. Dieser Zusammenhang wird im vorliegenden Buch an vielen Beispielen deutlich werden.

Im Interesse dieser beiden Achsen werden natürlich auch Manipulationsversuche unternommen. Verhängnisvoll für Menschen aus einem horizontalen System kann dabei sein, dass ihre Instrumentalisierung durch die andere Seite auch oft noch unterstützt wird von einem hohen Maß an Selbstmanipulation. Das liegt an dem Konformitätsdruck im horizontalen System. Dort lebt man nämlich oft nach dem Motto: *Du sollst zu uns gehören (dann unterstützen wir dich auch), aber auffallen sollst du nicht und uns überragen erst recht nicht!* In der Konfrontation mit vertikalen Leuten lässt sich ein horizontales System deshalb leicht manipulieren. Dass am Ende – und schon gar nicht unter dem Blickwinkel des beruflichen Potentials – keine der beiden Seiten etwas davon hat, steht auf einem anderen Blatt.

Vertreterinnen des horizontalen Sprechens kommt ein Koordinatensystem aus Rang und Revier sehr wahrscheinlich extrem fremd vor. Oft wird es auch reflexartig moralisch abgewertet (*Das ist doch reine Steinzeit*). – Abwarten. Lesen Sie erst weiter, bilden Sie sich dann ein Urteil. Es ist jedenfalls die frühzeitige Klärung von Revier- und Rangverhältnissen, die in einem mehrheitlich vertikalen System dortigen Stress herabsetzt und Sicherheit verbreitet, während ungeklärte Rangfragen und übersehene Revierstörungen Druck erzeugen und Stress steigern.

## »High Talk« down

Auf dieser Basis und vor dem Hintergrund meiner eigenen Erfahrungen mit Firmen und Organisationen habe ich im »Arroganz-Prinzip« eine Übersicht zu den Ebenen der Kommunikation entwickelt, die im Konfliktfall mit Anwendern des vertikalen Stils – das heißt vielen Männern – besonders relevant sind. In diesem Strukturschema werden (noch) keine moralischen Kriterien berücksichtigt, sondern allein die von Wirksamkeit. Ich versuche damit, eine Antwort auf ein einfaches, aber grundlegendes Problem zu geben: Was funktioniert eigentlich im Konflikt mit Leuten aus einem vertikalen System? Oder, um es ein bisschen platter zu sagen: *Wie bekomme ich diesen Typen dazu, dass er mir endlich zuhört und ernst nimmt, was ich zu sagen habe?* – Wenn Sie diese Übersicht schon kennen, können Sie gern sofort bei Kapitel 2 weiterlesen.

Der Graphik entsprechend ist gegenüber Vertretern eines vertikalen Kommunikationsstils die unwirksame Ebene im Konflikt leider die der verbalen *und* intellektuellen Kommunikation: »High Talk«. Das lässt sich an vielen Beispielen zeigen, die ich in den folgenden Kapiteln vorstelle. – Noch mehr Details können Sie in meinem Buch »Das Arroganz-Prinzip« nachlesen. –

# Eskalationsstufen im vertikalen Konflikt

nach Wirksamkeit gegenüber Vertretern eines vertikalen Sprachsystems (mehrheitlich Männer) NICHT gegenüber Menschen aus dem horizontalen System (mehrheitlich Frauen) …

## MOVE TALK

**1**

**non-verbal**

Einsatz des eigenen Körpers im Raum: Veränderung der Haltung, des Blicks, einfache Gesten, Schweigen, Mimik, Veränderung der räumlichen Distanz – aber nicht Fliehen!

## BASIC TALK

**2**

**verbal, aber nicht-intellektuell**

persönliche, unsachliche Äußerungen, Wiederholungen, Konversation, Auswalzen von Nebensächlichkeiten trotz offensichtlich wichtigerer Sachthemen

## HIGH TALK

**3**

**verbal und intellektuell**

Argumente, Begründungen, Allgemeinbildung, sachliches Nachfragen und Diskussion, akademisches oder fachliches Niveau, Appelle an die Vernunft oder an gemeinsame Werte

**Basis-Regel**

Angriffe können i. d. R. nur sinnvoll abgewehrt werden, wenn man auf derselben Ebene bleibt, auf der der Angriff erfolgt, oder auf die nächsthöhere wechselt; nicht umgekehrt! Auch wenn mir die tiefere Ebene noch so vertraut ist …

Die zweitwirksamste Ebene habe ich mit dem Level einer zwar verbalen, aber überhaupt nicht intellektuellen Kommunikation als »Basic Talk« bezeichnet. Diese Ebene kann verbal scheinbar sehr einfach, aber auch sehr unsachlich und womöglich sehr persönlich sein; früher habe ich dieses Level »Small Talk« genannt, das war aber zu missverständlich. »Basic Talk« trifft es besser, weil es hier um eingeschränkte Verbalität geht. Die wirksamste Ebene ist jedoch »Move Talk«, auf der verbale Äußerungen gar keine Rolle spielen, sondern allein mit Raum und Körper agiert wird.

Dieses »Siegertreppchen« hat so gut wie *keine Bedeutung* gegenüber Vertreterinnen eines horizontalen Kommunikationsstils, also gegenüber den meisten Frauen (es gibt auch eine Minderheit von Männern, die so kommuniziert). Es wäre in den meisten Fällen dort nicht nur sinnlos, sondern sogar ausgesprochen kontraproduktiv. Wenn sich also manche Leserinnen darüber echauffieren, weil sie so nicht angesprochen werden möchten, haben sie diese Einschränkung vergessen: Als Verhaltensmöglichkeit gegenüber vielen Frauen ist das auch überhaupt nicht gedacht. Wohl allerdings gegenüber vertikal Kommunizierenden.

Meine Erfahrung bei der Begleitung von weiblichen Führungskräften ist seit langem, dass kaum eine Chefin, Partnerin, Unternehmerin ein Problem damit hat, Angriffe auf einer verbalen und intellektuellen Ebene (High Talk) zurückzuweisen. Die meisten sind so gut ausgebildet und wissen in ihrem Fachgebiet derart Bescheid, dass sie auf diesem Level souverän und wirksam reagieren können. Deshalb führen Offensiven vertikaler

Gegner auf dieser Ebene auch seltener zu harten Auseinandersetzungen. Das ist auf Level zwei und eins völlig anders – denn dort wird es persönlich, unsachlich,
übergriffig, ja sogar körperlich. Und wenn es auf diesen
Niveaus zu Attacken kommt, geraten viele an sich kompetente Frauen oft in Zustände des Schocks, der Scham
und der Lähmung. Leider mit dem Effekt, dass sich in
der Zwischenzeit die andere Seite durchsetzt.

Nur am Rande eine kurze Bemerkung zum Thema
»Frauenquote«. Ich bin mir mittlerweile ziemlich sicher,
dass sich allein an ihr wenig entscheidet, sondern daran,
wie eine weibliche Führungskraft – egal, wie sie in diese
Position kam –, in den ersten Monaten damit umgeht,
wenn sie auf den Ebenen Basic Talk und Move Talk an-
gegangen wird. Darauf sind viele Frauen aber alles andere als vorbereitet.

## Der Voodoo des Fortschritts

Dass das viele so unvorbereitet trifft, liegt nicht zuletzt
an den leidenschaftlichen Wünschen, die publizistisch
allerorten als bereits verwirklichte Realität ausgegeben
werden. Durchaus exemplarisch stand etwa in der renommierten Wochenzeitung »Die Zeit« Ende 2012 eine
ganze Seite unter dem Titel »Wie weiblich wird's noch«,
Untertitel: »Lange waren Frauen eine Mehrheit, die wie
eine Minderheit behandelt wurde. Die Zeiten sind vorbei – sie geben nun den Ton an.« Was dann im Artikel

folgte, war wieder die Inszenierung einer politisch-korrekten Wunschwelt als reale Beschreibung, wie man sie in den letzten Jahren immer wieder lesen konnte. Dass es gerade in dieser Zeitung stand, ist dabei völlig unerheblich, weil diese Art von intellektuellem Voodoo überall verbreitet wird. Angeblich befinden wir uns mitten in einer »Feminisierung der Republik«. Eine Reihe von Frauen in Führungspositionen wird aufgezählt, Frauen-Netzwerke gelobt, ein »Hegemoniegewinn« festgestellt. Der Beitrag schließt mit den Worten: »Ein letztes Beispiel für die geniale Verbindung von moralischer Minderheitenmacht und weiblicher Mehrheitskraft ist das fast völlige Fehlen von Kritik an Frauen als Frauen. Es ist absolut gängig, die Defizite von Männern in Führungspositionen zu benennen, jeder kann das runterbeten (dominant, eitel, testosterongesteuert, unsensibel, brutal, laut, sexistisch und so weiter). Aber was sind denn die zehn größten Schwächen von Frauen in Führungsjobs? Wer es weiß und sich traut, soll sich melden.«

Die unabsichtliche Pointe steckt genau im letzten Satz: »Wer sich traut, soll sich melden.« Denn gemeint ist natürlich auch: *Wer sich nicht traut, soll die Klappe halten*; nämlich wegen des entsprechenden moralischen Drucks. Genau das machen inzwischen zwar auch viele männliche Führungskräfte – die unkorrekte Klappe halten, weil sie wissen, dass man vieles nicht mehr sagen darf. Leider ändert allein dieser Verzicht auf eine bestimmte Sorte Verbalität nicht so viel an den realen Machtverhältnissen, wie man sich wünschen mag. Dieses verbalitätszentrierte Missverständnis entspricht vielmehr genau der horizontalen Kommunikation, von der

Deborah Tannen spricht. Nur nützt das im tatsächlichen ernsthaften Konflikt mit einem Menschen, der vertikal auftritt und das für völlig selbstverständlich hält, herzlich wenig. Das ist bezeichnenderweise intern auch in vielen Redaktionen so, die ansonsten diesen Voodoo nach außen bereitwillig publizieren.

Das verbreitete lyrische Schönschreiben eines Umbruchs, in dem wir uns tatsächlich befinden, macht den Ort unklar, wo wir bei dieser gesellschaftlichen Reise stehen: Wir sind nämlich erst am Anfang des Gebirges, der Pass liegt noch lange nicht hinter uns. Wer an diesem Ort sein gutgläubiges Mantra wiederholt, als hätten wir die Klippen und Gletscher bereits passiert, verbreitet Illusionen, die niemandem nützen. Mit den Sturzbächen und den Lawinen sollte man bei vollem Bewusstsein rechnen, damit man nicht katastrophal überrascht wird.

Gestehen wir es uns ein: Wenn wir von Männern und Frauen reden, reden wir über Aliens, die einander fremd sind. Viele behaupten, mit ein bisschen gutem Willen sei ein Verständnis ohne weiteres zu erreichen. Das ist im betrieblichen Konfliktfall oft nur eine freundliche Augenwischerei. Tatsächlich ist der Grad an wechselseitiger Fremdheit hoch. Fremdes Denken, fremde Reflexe, fremde Ziele, fremdes Verhalten. Diese Aliens können sehr gut miteinander leben, und erst recht miteinander arbeiten. Aber oft erst dann, wenn sie sich wechselseitig als Aliens akzeptiert und in Rechnung gestellt haben, dass es einen Übersetzungsbedarf gibt. Sie könnten ein Dream-Team sein! Aber jede Seite braucht ihr eigenes Recht. Und dieses Recht gibt es nicht umsonst.

Kapitel 2

# Die ausbeuterische Freundschaft
oder: Wie man durch Nähe manipuliert wird

# Einladung zur Ausbeutung

Ein horizontales Sprachsystem kann ebenso manipuliert werden wie ein vertikales, wenn man weiß, wo der Hebel anzusetzen ist. Denn in einem horizontalen System sind viele seiner Vertreterinnen beständig an einem harmonischen Gleichgewicht in der Gruppe interessiert. Dass das so ist, wissen auch die Männer. Und weil sie das wissen, selbst aber oft mehr an Rangerhöhung oder Machtzuwachs interessiert sind, setzen sie dieses Harmoniebedürfnis immer wieder in ihrem eigenen Interesse ein. Mitarbeiterinnen werden oft leichter missbräuchlich steuerbar, wenn männliche Vorgesetzte ihnen beispielsweise einen emotionalen Zugewinn in Aussicht stellen, der sich bezeichnenderweise materiell nie auszahlt.

Frau Pirna ist nur ein typisches Beispiel unter leider vielen. Sie arbeitete als chemisch-technische Assistentin im Labor einer norddeutschen Großforschungseinrichtung. Faktisch war sie schon seit Jahren weit über die Rolle einer bloßen Assistentin hinaus. Sie war es, die das Labor leitete. Bezahlt wurde sie aber nicht ihrer Tätigkeit entsprechend. Niemand zweifelte ihre Kompetenz an, alle möglichen Leute fragten nach ihrem Rat. Frau Pirna war Anfang fünfzig, sah aber mindestens zehn Jahre älter aus. Sehr freundliche Augen, doch tiefe Ränder darunter, die sie mit einer großen Sonnenbrille verdeckte. Als ich sie zum ersten Mal sah, hatte ich sofort den Eindruck, dass hier jemand in einem Zustand der Dauererschöpfung lebte.

Trotz ihres hohen Einsatzes kam es im Betrieb zu

Kränkungen wie mit der Broschüre, in der sich die Einrichtung vorstellte. Alle Mitarbeiter wurden dabei mit einem Porträtfoto abgebildet, nur sie wurde vergessen. Vielleicht nur ein Versehen; wahrscheinlicher aber ein Indiz dafür, dass sie von den »Systemadministratoren« nicht angemessen wahrgenommen wurde. Vor kurzem hatte sie der Direktor des Forschungszentrums, Herr Professor Zuyten, auch noch darum gebeten, ein spezielles Messgerät zu betreuen, das sich im siebten Stock eines Gebäudes in einigen hundert Metern Entfernung vom Labor befand. Er hatte sie bei diesem Anlass charmant vor allen anderen Kollegen gelobt: »Sie sind ja so zuverlässig, Frau Pirna, und so präzise wie Sie arbeitet sonst kaum jemand.« Es war logistisch ziemlich schwierig für Frau Pirna, zusätzlich zu ihrem sowieso schon anstrengenden Pensum auch noch dieses Gerät zu betreuen. »Aber«, meinte sie stolz, »ich habe einen Weg gefunden.« Immer wenn sie gegenüber Direktor Zuyten vorsichtig eine Andeutung machte, dass sie eigentlich die Arbeit von zwei oder drei Leuten erledigte und froh wäre, wenn sie eine Entlastung hätte oder wenigstens eine Anerkennung in Form von mehr Gehalt, wies ihr Chef sie jedes Mal bedauernd darauf hin, dass ihm die Hände gebunden wären – das hier wäre ja öffentlicher Dienst und da gäbe es eben kaum Spielraum für »Sonderregelungen«.

Wenn Frau Pirna von solchen – seltenen – Gesprächen berichtete, erschien der Professor wie ein guter Sohn. Er fragte immer wieder nach, ob sie mehr Kaffee wollte, und ausnahmslos gab es frische Croissants für sie. Zuyten erzählte ihr auch jedes Mal, was ihm alles Sorgen machte, dieses Budget, jenes Projekt, kurz: Er behandelte sie wie eine nahestehende Vertraute. Das freute Frau Pirna auch sichtlich. Nur eben Geld, einen zusätzlichen Mitarbeiter oder die formelle Aufstufung zur Leiterin des Labors – das war immer ausgeschlossen.

Für Zuytens Verhalten trifft eigentlich nur eine Bezeichnung zu: manipulativ. Zuyten ist das klassische Beispiel eines männlichen Chefs, der seine Kenntnis über das horizontale System einsetzt wie Machiavelli selbst. Er wusste ganz genau, wie er Frau Pirna ausbeuten konnte. Permanent hielt er dem Esel eine Karotte vor die Nase, und der Esel trabte unweigerlich los, bekam die Karotte aber nie. Die Karotte besteht für viele weibliche Führungskräfte in der Verheißung von persönlicher Nähe zum Vorgesetzten.

Die Zuwendung, die Frau Pirna von ihrem Chef bekam, erhielt sie in der Regel nur unter vier Augen, öffentlich wurde sie eher behandelt wie eine Hilfskraft. Und dieses Spiel machte sie auch noch mit. Als ich sie darauf hinwies, wie missbräuchlich ihr Chef mit ihr umging, verteidigte ihn Frau Pirna umgehend: Bei seiner Riesenverantwortung könnte der Direktor ja beim besten Willen nicht jedem Anliegen nachgeben, das er von allen Seiten zu hören bekomme.

Als ich Frau Pirna so vor mir sah, müde, erschöpft, mit Ringen unter den Augen, fiel mir eine Bildfolge aus einem dieser alten Zeichentrickfilme ein, in dem jemand auf den Abgrund zurast, nicht mehr bremsen kann, schon über die Kante hinaus ist, in der Luft steht und noch Laufbewegungen macht; aber der Zuschauer weiß, was gleich kommen wird: der Absturz.

## Das »Stockholm-Syndrom«

Frau Pirnas Verhalten war für sie selbst in jeder Hinsicht ruinös. Es war von außen offensichtlich, aber bei ihr schon so eingefahren, dass sie vermutlich ohne einen existentiellen Einschnitt kaum noch herausfinden konnte. Ihre Haltung hat sich dem »Stockholm-Syndrom« angenähert, demzufolge Entführer und Entführte sogar freundschaftliche Beziehungen aufbauen können. Wenn dieses Syndrom schon so weit fortgeschritten ist, kann man als Externer kaum noch etwas tun. Ich fürchte, Frau Pirna wird irgendwann ein gesundheitliches Problem bekommen, einen körperlichen Zusammenbruch, einen innerlich herbeigeführten Unfall – jedenfalls ein Ereignis, das sie herauszwingt aus diesem verhängnisvollen Ausbeutungsverhältnis. Vielleicht bekommt sie dann noch einmal eine Chance, aus diesem schlimmen Kreislauf herauszufinden.

Manipulative Chefs finden sich in allen Branchen der Welt. Manche von ihnen überlegen sich, wie bei Frau Pirna, ganz bewusst, welchen Knopf sie bei welchen Mitarbeiterinnen am besten drücken, damit sie als Chef das bekommen, was sie wollen. Andere müssen das gar nicht überlegen, sondern wissen instinktiv, welche Mixtur aus erhöhtem strukturellen Druck, Schmeichelei, vorgetäuschter persönlicher Zuwendung und Erpressung am besten funktioniert. Aber trotzdem handelt es sich nicht um ein unabänderliches Naturgesetz. Zu diesem schlechten Spiel gehören immer zwei.

Wie etwa bei der hochqualifizierten Juristin, die seit Jahren demütig dem Konzernvorstand und dem nur wenige Jahre älteren Vorgesetzten diente, der ihre Loyalität damit belohnte, dass er immer andere Karriere machen ließ. Auch in privaten Rechtsfragen stand sie für ihn ohne Frage für zeitraubende rechtliche Beratungen zur Verfügung, nie sah sie einen Cent dafür, aber als sie sich traute, um mehr Gehalt zu bitten, ließ er sie grob wissen, dass auch sie ersetzbar sei. Warum hatte sie das so viele Jahre geschehen lassen?

Die Bereitschaft, sich auf diese Weise ausnutzen zu lassen, kann zu ausweglosen Verstrickungen führen. Wie etwa auch bei einer Mitarbeiterin in der Abteilung für Qualitätssicherung, deren wesentlich jüngerer Chef immer Probleme damit hatte, sich bei den anderen Chefs im Technikbereich durchzusetzen. Immer, wenn er in einer Sitzung der Abteilungsleiter bei seinen Kollegen auf Granit gestoßen war, schüttete er hinterher an ihrem Schreibtisch sein Herz aus. Irgendwann hatte das den Effekt, dass sich diese Mitarbeiterin zur löwenhaften Verteidigerin ihres Chefs aufschwang und sich in seinem Namen mit allen mächtigen Leitern anderer Abteilungen anlegte. Die Zahl ihrer Feinde nahm natürlich zu, ihr Standing wurde immer schwieriger, ihre Lage in der Firma immer verzweifelter. Ihr Chef selbst hielt sich aber aus allen Konflikten, die sie stellvertretend auf sich genommen hatte, vornehm heraus. Im Zweifelsfall gab er sogar seinen Kollegen recht! Warum hatte sie sich so bereitwillig den Schuh ihres Chefs angezogen, dessen Probleme sie objektiv gar nichts angingen? Warum zerbrach sie sich den Kopf von jemand anderem, der viel mehr Geld als sie bekam und sie als seelischen Mülleimer benutzte? Weil er sich scheinbar unter ihren Schutz stellte, obwohl damit die hierarchische Situation grotesk verkehrt wurde. In Wirklichkeit war dieser Vorgesetzte nicht nur ein ausgesprochen unfähiger Chef, der selbst dringend professionelle Hilfe gebraucht hätte, sondern eben auch ein wendiger Manipulator, der es verstand, über die Bande zu spielen. Er nutzte den Mitleidsreflex seiner Mitarbeiterin, um sie als Vorhut im eigenen Interesse loszuschicken – nur um sie dann allein im Regen stehenzulassen, wenn sie sich zu weit vorgewagt hatte. Ein widerliches Verhalten.

## Gesurft werden

Es kann wohltuend sein, wenn es bei der Arbeit zu fast freundschaftlichen Gefühlen kommt, wenn die Stimmung so gut ist, dass man sich auch privat gut verstehen könnte. Aber wenn der Chef so tut, als wäre er unentwegt der gute Kumpel, sollte man aufpassen. Wer sich dabei ertappt, den Chef als Sohn (oder als Vater) zu empfinden, als potentiellen Freund, als Traummann, wer sich stellvertretend für ihn zu opfern bereit ist, steckt wahrscheinlich schon in der Falle der Überidentifikation. Wenn man Glück hat, nutzt ein Chef das nicht aus. Wenn man aber Pech hat, macht er die Betreffende mithilfe ihrer Überidentifikation zu einem jederzeit benutzbaren Gegenstand – wie ein Surfbrett. Ein Surfbrett ist ganz großartig, wenn man auf dem Wasser unterwegs ist, man kommt damit besser auf den Wellen klar als ohne. Aber wenn man es nicht braucht, stellt man es in die Ecke. Das hat gar nichts Persönliches. Man tritt auf ihm herum, nimmt es aber nicht besonders wahr, während man es gebraucht. Wer zum Surfbrett seines Chefs geworden ist, hat schlechte Karten. Viele Surfer sind auch noch ganz charmante Jungs. Aber wenn sie immer nur Rücksicht auf ihr Brett nehmen würden, kämen sie nicht weiter. Und weiterkommen wollen sie. Wenn es mit dem einen Brett nicht geht, dann mit einem anderen.

Es kann unter Vertreterinnen des horizontalen Kommunikationsstils eine Art übergroße Nachsicht gegenüber männlichen Chefs geben, die manchmal geradezu wie die Bitte aussieht, als solch ein Surfbrett dienen zu dürfen. Im Einzelfall kann das auch daran liegen, dass vorangegangene persönliche Lebenserfahrungen diesen missbräuchlichen Weg gespurt haben: ein Vater, ein Lebensgefährte, ein Verwandter, der die Betroffene immer nur missachtet hat; mit dem Effekt, dass da nun jemand im Berufsleben mit einem unstillbaren Hunger nach Anerkennung unterwegs ist. Wenn man das nicht therapeutisch aufgearbeitet hat, kann man schnell zum Opfer werden und sammelt im schlimmsten Fall auch beruflich eine demütigende Erfahrung nach der anderen.

Dieser üble Mechanismus funktioniert sogar dann, wenn der Chef so anonym geworden ist, dass er im Team der Mitarbeiter vollständig verschwunden zu sein scheint. Er kann so gut wie ersetzt worden sein durch den Anspruch des Gesamtteams auf eine intensive persönliche Kontaktdichte. In einer zunehmenden Zahl von kleineren Arbeitseinheiten (die sich vielfach geradezu als technische oder kreative Avantgarde empfinden) kann auf diese Weise ein Standard etabliert werden, bei dem Frauen im Team gute Miene zu einem Spiel machen, das ein bisschen böse ist. *Wie* böse es eigentlich ist, zeigt sich natürlich selten in Schönwetterperioden. Aber wenn es eng wird, wenn Aufträge zurückgehen oder Mittel gekürzt werden, spielt es plötzlich keinerlei Rolle mehr, dass man zusammen viel Freizeit verbracht hat oder sogar gemeinsam im Urlaub war. Diejenigen, die relativ naiv an diese freundschaftliche Corporate Identity geglaubt haben, stammen viel wahrscheinlicher aus einem horizontalen Sprachsystem als aus einem vertikalen. Die Ernüchterung ist dann dort umso härter und schmerzhafter.

Wenn ein Beziehungsverhalten wie unter Facebook-»Freunden« als emotionales Klima bei der Arbeit nicht nur gefördert, sondern ausdrücklich erwartet wird, wird im schlimmsten Fall ein manipulativer Chef ersetzt durch ein ebenso manipulatives Gruppenverhalten. Das Ergebnis ist in keiner Weise besser, Übergriffe finden laufend statt, werden aber übersehen, weil sie so freundlich maskiert daherkommen.

Leider ist es in solch einem nur scheinbar lockeren System sehr oft so, dass die Nutznießer vom vertikalen Planeten kommen, während die, die lieber schweigend und lächelnd leiden, als den lieben Frieden zu stören (aus Furcht, ausgeschlossen zu werden), aus den horizontalen Gebieten kommen. Gute Stimmung statt Hierarchie – das kann für viele Frauen in einen Raum der Schutzlosigkeit führen, wo sie als Mitarbeiterinnen oder als weibliche Führungskräfte ausgesaugt werden bis auf die Knochen.

## Die klebrige Nähe

Es ist ganz produktiv, in diesem Zusammenhang an eine simple Tatsache zu erinnern, von der der alte Marx noch gewusst hat, die aber vor lauter IT-getriebener Grenzverwischung zwischen Beruf und Privatleben vergessen wird: Arbeit bedeutet in den meisten Fällen, dass ein Geschäft stattfindet. Auf der einen Seite wird die Arbeitskraft eines Menschen angeboten, auf der anderen Seite Geld. Das nennt man Kapitalismus, und so nett er daherkommen mag – für Freundschaft ist da viel weniger Platz, als in einem horizontalen Kommunikationssystem ersehnt wird. Es gibt nur eine einzige Möglichkeit, sich aus Ausnutzungssystemen zu retten, die auf der Verführung durch scheinbare Nähe beruhen. Es ist Abstand.

Man darf sich in einem so manipulativen Umfeld an eine ganz simple Frage erinnern: »Worin besteht eigentlich die Aufgabe, für die ich bezahlt werde?« Das steht wahrscheinlich im Arbeitsvertrag. Im Zweifelsfall genügt das auch zur Beschreibung der eigenen Rollengrenze. Das bedeutet nicht, dass man keine Überstunden mehr macht oder sich in einem bequem-beschränkten Dienst nach Vorschrift einrichtet. Wenn es tatsächlich der Job erfordert, kann man natürlich viel mehr tun als nur Routine. Aber überlegt! Und nicht, weil eine dieser unsäglichen Karotten vor der Nase herumbaumelt, damit ein wohlmeinender Esel treu-doof losrennt. Es bedeutet auch nicht, dass man an keinem Betriebsausflug teilnimmt oder mit Kollegen und Chef kein Glas Wein trinken kann. Natürlich kann man das. Aber wenn Zugewandtheit als Währung eingesetzt wird, nach dem

Motto: *Arbeite bis zum Umfallen, dafür darfst du meine Freundin oder gar meine Prinzessin sein* – dann Vorsicht!

Es ist nicht auszuschließen, dass aufdringliche Kollegen oder ausbeuterische Chefs es zunächst als Kränkung empfinden, wenn man auf professionelle Distanz zu ihrer klebrigen Nähe geht. Damit muss man rechnen und das muss man aushalten. Langfristig bekommt man damit mehr Luft zum Atmen.

Kapitel 3

# Das hormonelle Büro
oder: Wie man sexuellen Übergriffen entgegentritt

# Der kleine Bruder des Eros

Es gibt alle Jahre wieder neue Untersuchungen dazu, wie oft Männer bei der Arbeit an Sex denken und wie oft es Frauen tun. Die durchschnittlichen Prozentsätze variieren je nach Fragestellung der Untersuchenden, aber die Tendenz ist unstrittig: Auch beim Arbeiten lässt sich sexuelles Denken nicht ausschalten. Es ist also nicht sofort etwas Übergriffiges oder Ehrverletzendes, wenn man bei einem Kollegen oder einer Kollegin merkt, wie so ein Gedanke aufflackert. In der Regel laden sachorientierte Arbeitsatmosphären aber nicht zur Vertiefung solcher evolutionären Reflexe ein, und in den meisten Fällen verschwindet der Gedanke auch wieder vom inneren Bildschirm. Es kann aber auch anders kommen, und dann kann es ziemlich rasch ziemlich kompliziert werden.

Spätestens seit den sechziger Jahren ist Sexualität in den westlichen Industriegesellschaften immer weniger tabuisiert. Nicht zuletzt durch das Internet ist der jederzeit frei zugängliche Blick auf sexuell aufgeladene Bilder allgegenwärtig geworden und nimmt damit ganz von selbst mehr Einfluss auf unsere ästhetischen Standards, als uns oft klar ist. Das kann im Berufskontext leider zu völlig illusionären Vorstellungen davon führen, was dort outfitmäßig tatsächlich möglich ist und was nicht. Auch von einer ganzen Reihe von Frauenzeitschriften werden inzwischen, natürlich im mehr oder weniger unverhohlenen Interesse von Modeproduzenten, Kleidungsstile im Büro oder bei der Arbeit für vertretbar gehalten, die in

Wirklichkeit Ansehen zerstören können, Autorität vernichten und katastrophal falsche Zeichen setzen, oft mit ruinösen Langzeitfolgen. Man sollte nicht alles für bare Münze nehmen, nur weil es irgendwo einmal als Bild inszeniert worden ist. Nein, es geht überhaupt nicht alles, vor allem nicht bei der Arbeit.

Damit wir aber nicht gleich im Sumpf ungeklärter Begriffe versinken, soll doch kurz hingewiesen werden auf den erheblichen Unterschied zwischen Eros und Sex. Wer da keinerlei Differenzierung vornimmt, landet bei einer Engführung.

Expliziter Sex stellt nur einen kleinen Ausschnitt des erotischen Universums dar. Eros steht der Lebensenergie eines Menschen viel näher als seinen primären Geschlechtsmerkmalen. Darum kann jemand, der seine Arbeit beherrscht und sie konzentriert tut, eine – oft unbeabsichtigte, ganz unbewusste – erhebliche erotische Ausstrahlung haben; einfach deshalb, weil hier jemand gerade seine Lebenskraft unvermittelt spüren lässt. Die geschulte Bewegung eines Handwerkers kann ausgesprochen attraktiv sein. Eine Hand, die leichtfingrig eine Tastatur bedient oder mit einem Stift elegant schreibt, kann etwas Erotisches haben. Ein Portier oder die Empfangschefin im beruflich strengen Uniform-Outfit kann eine anziehende Erscheinung für Männer wie für Frauen sein. Mit Sex hat das kaum etwas zu tun. Mit Eros aber schon. Eros und Arbeit haben darum eine große innere Nähe, weil sie mit kanalisierter persönlicher Energie zu tun haben.

Aber nur weil jemand seine Arbeit tut, ist noch lange keine sexuelle Einladung ausgesprochen. Eine Gruppe von Frauen oder Männern auf der Bühne, die gemeinsam nach langer Vorbereitung und mit entsprechendem Lampenfieber gemeinsam singen, können eine ganz enorme erotische Wirkung auf das Publikum haben (interessanterweise auch die, für die man sich außerhalb des Bühnenraums gar nicht interessieren würde). Sogar jemand, der mit vollem persönlichen Einsatz in einem Konflikt seine Position vertritt, sich bewegt, laut wird, kann erotisch wirken, sogar dann, wenn man seine Meinung überhaupt nicht teilt – einfach nur wegen der ungebremsten Darstellung seiner inneren Energie. Das ist aber natürlich nicht Sex. Ebenso wenig wie das Verhalten der Gruppe von Zimmerleuten, die von oben auf dem Dach jeder Frau unten auf der Straße hinterherpfeift. Und zwar bezeichnenderweise auch dann, wenn sie so weit oben arbeiten, dass sie beim besten Willen nicht erkennen können, ob das da unten ein Teenager oder eine Greisin ist. Warum tun sie dann so etwas? Weil diese Männer womöglich gerade die zutiefst befriedigende Erfahrung machen, dass sie gemeinsam einen Raum geschaffen haben, den es noch nie gegeben hat, dass sie ihr Fachwissen und ihre körperliche Kraft eingesetzt haben und etwas gelungen ist. Und dabei entsteht dann ein solcher Überschuss an erotischer Energie, dass er sich ungerichtet und unpersönlich äußert – in einem Pfeifen oder einer Bemerkung, die die Betroffene womöglich als persönlich empfindet, die aus der Distanz aber als etwas ganz Unpersönliches gemeint ist. Sogar so explizit kann der Eros werden, aber an einem sexuellen Kontakt ist ihm dabei noch lange nicht gelegen.

Aus einem erotischen Zeichen kann natürlich irgendwann, falls das tatsächlich von beiden Seiten gewollt wird, einmal eine sexuelle Begegnung werden, aber viel öfter bleibt das Zeichen folgenlos, berührungslos sowieso. Auf diese Weise können die vielfach gegebenen erotischen Zeichen einen Alltag farbiger und angenehmer machen. So ist das ein entspanntes Spiel. In diesem Zusammenhang kommt es dann sogar zu so etwas wie einer »Alltagsminne«, einem »Worshipping«, der folgenlosen Verneigung vor Schönheit, die sich mit einer bloßen Verbeugung zufriedengibt, oder einem flüchtigen Blick, einem Lächeln oder sogar dem ausgesprochenen Kompliment (von beiden Geschlechtern) im Sinne von »Sie haben einen wirklich schönen Mantel an« oder »sieht super aus, Ihr Anzug« – und schon geht man weiter und freut sich daran, das gehört zu haben oder es gesagt zu haben, und sieht sich nie wieder.

Langer Rede kurzer Sinn: Berufliche Arbeit und Eros stehen sich nahe und kommen legitim im selben Raum vor. Sie können sogar zum guten Funktionieren von Teams beitragen.

Wenn es aber um Sex geht, ist das ganz anders. In der Regel stören sexuelle Signale einen Arbeitsablauf, und der Signalgeber muss um der Sache willen zur Ordnung gerufen werden. Es ist dabei nicht nur das Recht, sondern eine ausdrückliche Pflicht von Vorgesetzten (Frauen wie Männern), so etwas zu thematisieren und etwa auf die Angemessenheit eines arbeitskompatiblen Kleidungsstiles hinzuweisen. Natürlich ist das heikel und verlangt Fingerspitzengefühl, aber es muss trotzdem gemacht werden. In der Freizeit und im Privatleben gibt es dieses Recht bzw. diese Pflicht selbstverständlich nicht, wohl aber im Rahmen eines ergebnisorientierten Arbeitsumfeldes.

In den meisten Fällen ist allerdings, trotz des beruflichen Rahmens, eine enorme Variationsbreite möglich. Eine normale Arbeitsumgebung mit den üblichen hässlichen Büromöbeln und den getakteten Arbeitszeiten leistet weitergehenden Kontakten selten Vorschub. Sie kommen natürlich trotzdem vor. Etwas anderes ist es, wenn dieser übliche räumliche Rahmen verlassen wird, bei einer Konferenz, einer Dienstreise, einem Auslandsbesuch oder einer Situation, die sehr deutlich vom Üblichen abweicht. Manche Kollegen denken dann irrtümlich, dass die vorher selbstverständlichen Standards nicht mehr gelten. Das kann sich ganz sacht entwickeln, aber irgendwann auch sehr massiv werden.

## Hormonelle Amnesie

Im folgenden Fall befinden wir uns auf einer Kreuzfahrt. Herr Zerkowski war Chef einer Agentur, die weltweit Auftritte berühmter Künstler auf diesen Schiffen organisierte. Eben waren »die Arbeiten abgeschlossen« worden, es hatte einen ganz hervorragenden Auftritt eines Symphonieorchesters gegeben. Es war zwei Uhr nachts. Zerkowski stand mit seiner Assistentin Frau Braun (halb so alt wie er) auf dem Deck. Der Chef hatte Frau Braun für ihre außergewöhnliche Kompetenz vor allen anderen gelobt. Jetzt war man allein, es war angenehm warm, man hörte die Wellen, und da fiel Zerkowski ein, seine Assistentin noch zu einem Glas Rotwein einzuladen. In seiner Suite. Er äußerte noch bedauernd, dass er auch gestern schon allein essen musste, und jetzt könnte man doch diesen Rotwein trinken. Bei Frau Braun gingen alle Alarmsirenen an. Sie mochte ihren Chef, aber darüber hinaus wollte sie garantiert nichts von ihm. Also suchte sie umgehend nach einer Ausrede, mit der sie sich aus der Affäre ziehen konnte. Sie schob vor, sie müsse noch dringend ein eingegangenes Fax bearbeiten (was natürlich gar nicht stimmte) und was ihr Chef durchaus durchschaute. Aber er machte gute Miene zu ihrer Ausrede, und ihre Wege trennten sich. Zerkowski würde wieder allein dinieren müssen. Doch Frau Braun fragte sich nun zweierlei: Erstens, ob sie damit ihren Chef verletzt hatte und sie das für längere Zeit zu spüren bekommen werde, und zweitens, wie sie souveräner hätte reagieren können. Denn ihr vorherrschendes Gefühl waren Unsicherheit und ein Fluchtbedürfnis gewesen.

Mit seiner Anfrage verließ Zerkowski den bis dahin gewahrten dienstlichen Kontext. Wir gehen einmal von etwas relativ Harmlosem aus: Durch die intensive Arbeit war sein Adrenalin- ebenso wie sein Testosteronspiegel gestiegen, und da gehorchte sein Körper den ältesten Bedürfnissen der Menschheit. Zerkowski fragte eigentlich nach einer Erlaubnis: *Gestattest du mir jetzt, den Arbeitskontext zu verlassen?* Möglicherweise hatte er in diesem Augenblick vor lauter hormonalen Reflexen auch einfach vergessen, in welchem beruflichen Funktionsabstand sich die beiden Anwesenden befanden.

In der Simulation stellt der Sparringspartner in seiner

Rolle als Zerkowski der Assistentin Frau Braun die Frage mit dem Rotwein in seiner Suite noch einmal. Er hat ein charmantes Lächeln aufgesetzt, obwohl ihm niemand verraten hat, dass Zerkowski das real genauso gemacht hatte. In einer ersten Reaktion beginnt Frau Braun ohne Umschweife mit einer sofortigen Offenlegung ihrer privaten Beziehungslage: Herr Zerkowski müsse verstehen, dass sie einen Freund habe, und dem möchte sie schon treu bleiben. Zerkowski bzw. der Sparringspartner wird nun ein bisschen verlegen und ärgerlich. Sie habe das jetzt missverstanden, so sei das ja gar nicht gemeint gewesen (natürlich *war* es genauso gemeint). Als ich ihn frage, warum er sich jetzt ärgere, meint er, sie nehme das jetzt einfach zu ernst. Aha.

Im zweiten Durchlauf setzt Frau Braun an einem ganz anderen Punkt an, nämlich am Rangabstand, den Zerkowski zeitweilig vergessen hatte. Auf seine Anfrage – Rotwein in der Suite – antwortet Frau Braun diesmal laut und freundlich: »Sie sind der Chef« – Pause – »und ich bin die Assistentin in dieser Firma.« Pause. »Und das mit dem Rotwein machen wir jetzt lieber nicht.« Zerkowski reagiert sofort: »Ach so, na dann, also gut« und verabschiedet sich. Ich unterbreche und frage den Sparringspartner, wie es ihm gehe? Er sagt: »Gut, alles o. k.« Ich frage nochmals nach: »Sie haben gerade eine klare Abfuhr bekommen, sind Sie jetzt sauer?« Antwort: »Nee, wieso?« Ich frage nochmals: »Sie wollten ja offensichtlich von Ihrer Assistentin nicht nur einen Rotwein, sondern noch ein bisschen mehr, und das ist jetzt durchkreuzt worden.« »Ja«, sagt der Chef, »versuchen kann man's doch. Aber dann ist es auch okay.« Da bleiben auch, außer einem gewissen Bedauern, keinerlei schlechte Gefühle zurück.

*Versuchen kann man's doch.* Dieser Kommentar Zerkowskis weist jedenfalls darauf hin, dass so etwas wie eine Aggression nicht beabsichtigt war. Frau Braun ist erleichtert. So einfach kann das also auch gehen! Die simple Erinnerung an den Rang hat genügt, um diese Situation ohne großes Aufheben und wirksam zu beenden.

Ganz ähnlich kann das gehen, wenn die Offensive nicht persönlich-verbal erfolgt, sondern etwa per SMS. So wie bei der Geschäftsführerin eines Betriebs für Elektronikbauteile. In dieser Rolle arbeitete sie auch mit wechselnden Montagechefs einbauender Teams zusammen. Einer der Montageleiter eines großen Kunden wollte offensichtlich mehr als nur eine gute Zusammenarbeit mit dieser Frau. Denn irgendwann schickte er ihr eine SMS, in der er gestand, wie sehr sie ihm gefalle, und sie zu einem Abendessen einlud. Ihr war das sehr unangenehm. *Er wusste doch, dass sie verheiratet war!* Sie hatte keine Ahnung, wie sie darauf reagieren sollte. Und darum reagierte sie in ihrer Ratlosigkeit überhaupt nicht darauf – ein ganzes Jahr lang! In dieser Zeit vermied sie jeden Kontakt mit ihm. Das machte sich auch in ihrer Firma bemerkbar. Denn der Einfluss des Teamleiters hatte offensichtlich dazu geführt, dass dieser Kunde ihr seitdem keinen Auftrag mehr hat zukommen lassen, was wiederum zu spürbaren Umsatzrückgängen führte. Was hätte sie machen können?

Warum nicht genauso vorgehen wie im Fall des Chefs auf der Kreuzfahrt? Nur eben per Antwort-SMS. »Sehr geehrter Herr N. N., ich bestätige den Eingang Ihrer SMS. Für Fragen zur Montage unseres Bauteils XYZ stehe ich Ihnen gerne zur Verfügung. Terminabsprachen laufen am besten über mein Sekretariat. Mit freundlichen Grüßen …« oder so ähnlich. Eine absichtlich formelle, aber trotzdem nicht unfreundliche Reaktion wäre sehr wahrscheinlich ein so unübersehbarer Hinweis auf die gebotene Rückkehr zum beruflichen Rahmen gewesen, dass der Montageleiter mit großer Wahrscheinlichkeit bereit gewesen wäre, die Sache auf sich beruhen zu lassen – ohne eingeschnappt zu sein.

In solchen Fällen kann eine Reaktion unkompliziert sein. Aber das ist leider nicht immer so. Manchmal muss man auch nicht erst per Schiff verreisen, um in die Bredouille zu kommen. Manchmal genügt schon ein etwas ungewöhnlicheres räumliches Setting im ansonsten üblichen Bürogebäude, und schon kommt es zu Geschichten, die man für schlechtes Kino halten könnte. Wie die mit Frau Marché und Herrn Feil.


## Erpressung und Peinlichkeit

In einem großen Konzern lief die wöchentliche Telefonkonferenz mit den sechs Tochterfirmen in Europa. Im Raum selbst befanden sich nur zwei Leute: der Abteilungsleiter Herr Feil und die Abteilungsleiterin Frau Marché. Auf dem Besprechungstisch stand nichts außer einem Telefon mit angestelltem Lautsprecher. Die Kollegen aus Spanien stellten gerade detailliert die Situation im heimischen Markt vor. Die beiden Fachleute im Raum hörten zu. Plötzlich drückte Feil den »mute«-Knopf, von den Spaniern war auf einmal nichts mehr zu hören. Der Abteilungsleiter beugte sich über den Tisch, schaute Frau Marché an und sagte zu seiner Kollegin: »Sollen wir es jetzt gleich hier auf dem Tisch machen oder lieber woanders hingehen?« Frau Marché fiel aus allen Wolken. Sie war voll konzentriert auf die Kollegen aus Spanien! Mit so einem Querschläger hatte sie überhaupt nicht gerechnet. Ihr Kopf war leer, sie atmete flach. Ihr fiel auch nicht ein, was sie nun sagen könnte, die Situation war ihr unendlich peinlich. Sie bewegte hilflos die Hände, sagte aber gar nichts dazu, sie bekam den Mund gar nicht auf. Nach einiger Zeit drückte Feil wieder den Knopf, und die Spanier waren von neuem zu hören. Als die Konferenz vorbei war, sagte der Kollege zu Frau Marché beim Hinausgehen: »War nur 'n kleiner Witz.«

Als ich bei Frau Marché nachfrage, stellt sich heraus, dass dieser Vorfall schon vor vier Jahren stattfand. Frau Marché hat aber bis heute damit zu tun, weil sie oft Sorge hat, dass ihr so etwas noch einmal passieren könnte und sie dann wieder nicht wüsste, was sie tun sollte. Und natürlich blieb es danach mit besagtem Herrn Feil nicht bei dieser einen Szene, er habe ihr gegenüber immer wieder deutlich anzüglich geredet.

Dieser Übergriff hat nun eine völlig andere Qualität als der vorsichtige Dating-Versuch auf See. Abteilungsleiter Feil baute absichtlich Druck auf. Immerhin lief ja parallel die Telefonkonferenz! Dass es Feil tatsächlich für möglich hielt, dass eine Frau in diesem Setting so etwas wie erregte Gefühle entwickelt, ist nicht einmal wahrscheinlich. Viel eher handelte es sich um eine Aggression, die sich sexuell tarnte. Hier sollte jemand in eine peinliche Situation gebracht und kleingemacht werden.

Es war wie so oft, wenn man verbal angegriffen wird: Die schnelle Erwiderung mit einer bestimmten Formulierung, die vielleicht auch noch geistreich ist, fiel der Betroffenen nicht ein. Und weil das fast immer so ist, sollte man den Druck, in der Situation sofort etwas verbal zu äußern, auch gar nicht erst aufkommen lassen. »Schlagfertigkeit« ist ein eher horizontales Bedürfnis. Darum geht es hier noch nicht. Stattdessen empfiehlt es sich, auf den eigenen Körper zu achten. In solchen Situationen stellen sich fast immer kleine körperliche Reflexe ein – ein unwillkürliches Zucken in eine bestimmte Richtung; ein Bedürfnis, Abstand herzustellen oder aufzustehen. Der Körper will etwas tun, was der Kopf noch nicht weiß. Diese Signale weisen oft einen Weg, wie man aus einer derartigen Situation herauskommt (einem Fluchtreflex sollte man allerdings nur in extremen Fällen nachgeben). Und zwar vor allem deshalb, weil körperlich-räumliche Aktionen Zeit verschaffen. Zeit – innerhalb der den Betroffenen dann etwas Verbales einfallen kann. Zeit, innerhalb der man aus der Schockstarre herauskommen kann und handlungsfähig wird.

Als wir die Situation nachstellen, versucht die Protagonistin alias Marché darum gar nicht erst, etwas Verbales zu äußern. Ihr vorherrschendes Gefühl war so etwas wie Platzangst gewesen, sie wollte sich irgendwie etwas Luft verschaffen, das hat Marché selbst deutlich gespürt. Ich ermutige sie, das auch körperlich auszudrücken, und darum schiebt sie jetzt erst einmal langsam ihren Stuhl nach hinten. Schweigend. Frau Marché lächelt dabei nicht, sondern setzt einen völlig neutralen Gesichtsausdruck auf, wie eine Maske. Schließlich erhebt sich Marché – nun sind schon eine Menge Sekunden vergangen –, geht langsam um den Tisch herum (noch mehr Sekunden! Jetzt stellt sich eine Ahnung ein von dem, was sie sagen könnte; aber auch *erst* jetzt) und tritt in den Rücken des Kollegen. Jetzt weiß Frau Marché, was sie erwidern kann, dafür hatte sie sich nun auch genug Zeit verschafft, die Lähmung liegt hinter ihr. Und nun sagt Frau Marché dort, im Rücken ihres Kollegen, langsam: »Sag mal« – jetzt drückt sie selbst den »mute«-Knopf, so dass alles von den Kollegen in sechs Ländern zu hören ist – »spinnst du?« Der Kollege erschrickt sichtlich. Auf meine Frage, wieso er jetzt auf einmal so reagiere, sagt er nur: »Ja wegen der anderen … die hören das ja jetzt.«

Ganz genau. Das alles hat bis dahin nur wegen der Manipulation per Peinlichkeits-Erpressung funktioniert. Und wenn die mit der Herstellung von Öffentlichkeit unterlaufen oder sogar gegen den Erpresser gewendet wird, funktioniert sie nicht mehr.

Der Abteilungsleiter Feil wird kein Freund seiner Kollegin Frau Marché werden. Das war er wohl auch vorher nie. Ihn mit vernünftigen Argumenten zu einer gedeihlichen Zusammenarbeit zu bewegen kann sich Frau Marché vorläufig sparen. Dass er Übergriffe dieser Sorte fortsetzt, ist unwahrscheinlich, wenn sie anders auf ihn reagiert als bisher. Dass sie sich hingegen mit ihm als innerbetrieblichem Gegner wird auseinandersetzen müssen, kann durchaus in Zukunft so sein. Aber das ist immer noch erträglicher, als vier Jahre lang schockiert solche Erlebnisse mit sich herumschleppen zu müssen.

In diesem Kontext noch ein kurzer Hinweis zum Thema »Lächeln«. Es gibt, auch im beruflichen Zusammenhang, unendlich viele Arten von Lächeln. In der Regel machen sie den Arbeitsalltag leichter und angenehmer. Allerdings kann es leider auch zu Situationen kommen, in denen jemand angegriffen, bloßgestellt oder verletzt wird. Dann reduziert sich das ansonsten sehr differenziert mögliche Lächeln auf nur noch zwei Funktionen am Ende von Extremen. Wenn man jetzt, mitten im Konflikt, handwerklich falsch lächelt, gibt man womöglich genau das falsche Zeichen und ermutigt den Angreifer, ohne es zu wollen.

Manche Frauen haben sich über die Jahre hin im gewohnt horizontalen Umgang geradezu einen Flirt-Reflex antrainiert. Der kann einem eine Menge Sympathie einbringen, vielleicht auch ungewollte Zuwendung, aber wenn man als Führungskraft diesen Flirt-Reflex von sich selbst kennt, heißt es, im Konflikt extrem aufzupassen. Wenn man merkt, dass man aus diesem Reflex jetzt gerade nicht aussteigen kann, obwohl man eigentlich etwas ganz anderes ausdrücken möchte, Härte beispielsweise oder Abscheu, dann sollte man sich langsam und erhobenen Hauptes aus dem Raum verabschieden (langsam! Nicht schnell, das sieht nach Panik aus). Denn: *Diesen Konflikt wird man mit einer unkontrollierbaren Mimik aktuell nicht durchstehen.* Souveräner wäre es natürlich, wenn man statt eines flirty Lächelns ein ganz anderes Lächeln anknipsen könnte: ein Überlegenheitslächeln mit einer massiven Dosis Arroganz. Dieses Lächeln ist nicht freundlich, sondern bewusst distanzierend. Wenn Sie im Konflikt weder das eine noch das andere Lächeln hinbekommen, dann ziehen Sie sich auf eine ganz archaische Reptilien-Reaktion zurück. Denn warum sind für Menschen Reptilien so unheimlich? Weil sie im Kopfbereich so maskenhaft starr wirken, keine Mundbewegungen, keine Augenreaktionen, strange. Und genauso unbewegt können Sie Ihre Gesichtszüge in bestimmten Situationen fixieren. Jetzt können Sie etwas sagen. Oder auch nicht. Dann sagt es nämlich Ihr Gesicht von allein …

### LÄCHELN IST NICHT GLEICH LÄCHELN

UNTERWERFUNGSLÄCHELN
(Tun Sie mir nichts, ich bin
… harmlos
… hübsch
… vielleicht an einem Date interessiert)

ÜBERLEGENHEITSLÄCHELN
(Sie sind nur ein Tropfen am Eimer, Sie
… amüsieren mich
… wissen gar nicht, was Sie da sagen
… können nicht im Ernst mitreden)

# Der Stahlhandschuh

Ich höre in meinen Seminaren und in meinen Einzel-Coachings immer wieder von sexualisierten Übergriffen in Firmen und Organisationen. Meiner Erfahrung nach gibt es keine Branche, in der so etwas nicht vorkommt – Medienhäuser, Sozialeinrichtungen, Produktionsbetriebe, Universitäten, politische Institutionen, ganz egal wo. Es ist auch unabhängig von der Größe des Betriebs. Es kann in beruflichen Umgebungen sogar zu expliziten sexuellen Erpressungsversuchen kommen, in all diesen Branchen. Da gibt der externe Gutachter, dessen Votum über große Summen entscheidet, der vor ihm stehenden Forscherin dezent den Hinweis, dass für solch ein Projekt fachliche Leistungen nicht reichen würden – verbunden mit der Anregung, ein gemeinsames Wochenende in seinem schnuckeligen Landhaus zu verbringen. Da macht der Chefredakteur eines großen Senders der jungen Kollegin unmissverständliche Avancen – *wenn* sie in seiner Redaktion aufsteigen wolle.

Das sind widerliche Manipulationsversuche, und ich will niemanden verurteilen, der dann nachgibt, womöglich aus Verzweiflung oder Resignation. Bezeichnenderweise erlebt diejenige, die einer sexuellen Erpressung widerwillig nachgegeben hat, hinterher oft nicht die in Aussicht gestellten Karrierevorteile. Der unangenehme Zusammenhang ist nämlich der, dass in einem vertikalen System Leute, die zu oft Ja sagen, an Achtung verlieren!

Dass solche Angebote einen professionellen Rahmen eklatant verletzen, versteht sich von selbst. Natürlich kann man das publik machen bei der Personalabteilung, der Gleichstellungsbeauftragten oder dem/der Vorgesetzten. Chefs und Chefinnen müssen ein tiefes Interesse daran haben, solche Akte zu ahnden und aus ihrem Betrieb zu verbannen. Sie haben eine Fürsorgepflicht, nicht nur um der Betroffenen willen, sondern auch deshalb, weil die stillschweigende Duldung solchen Verhaltens – einmal abgesehen vom möglicherweise strafrechtlichen Aspekt – sich zu Lasten von Frauen wie ein Krebsgeschwür innerhalb einer Organisation ausbreiten kann und tiefe Demotivation bewirkt: *Deine Leistung ist egal, wenn du mit dem ins Bett gehst ...* So eine Entwicklung ist eine katastrophale Personalführung.

Trotzdem müssen sich Betroffene selbst gut überlegen, ob sie den Vorfall auf diese Weise öffentlich machen. Wenn Aussage gegen Aussage steht, haben sie bei einem skrupellosen Gegner leider schlechte Karten. Der seelische Aufwand einer längeren Auseinandersetzung, die sich betriebsintern schnell herumspricht, ist sehr hoch, trotz allen moralischen Rechts. Womöglich muss man hinterher den Arbeitgeber wechseln. Im Zweifelsfall sollte man es trotzdem tun! Es gibt keine Karriere, die es wert ist, nicht zu sich selbst zu stehen, wenn es ernst wird. Bei extremen Übergriffen ist auch eine Anzeige völlig in Ordnung.

Weil es also hinterher so schwierig mit einer angemessenen Reaktion werden kann, ist es am sinnvollsten, direkt in der Situation selbst etwas zu tun. Der erste Schritt dazu wäre der, nicht derart überrascht zu sein, wie es viele Frauen sind. Mein Eindruck ist, dass auch kompetente weibliche Führungskräfte den offiziell vermeldeten

Botschaften über bereits erreichte Gendergerechtigkeit und frauenfreundliche Verhaltenskodizes in Firmen in völlig überzogener Weise Glauben schenken. Sie wünschen sich das derart, dass sie die Ankündigung einer frommen Absicht bereits für deren Realisierung halten. Sie wären gut beraten, sich in ihrem Berufsumfeld mit einer gesunden Skepsis zu bewegen. Dann würden sie sich auch nicht wie am Boden zerstört fühlen, wenn sie mit sexistischen Manipulationen oder einem deutlichen Übergriff konfrontiert werden. Statt Überraschtheit und Lähmung wäre der souveräne Wechsel vom Samthandschuh zum Stahlhandschuh angebracht. Damit kommen wir zum zweiten Schritt. Der besteht in der Bereitschaft, auf eine sprachlich-verbale Differenzierung zu verzichten, die man im Normalfall ganz selbstverständlich wählen würde. Das fällt gerade verbalen Virtuosen ziemlich schwer. Wie zum Beispiel Frau Dr. Lückert.

Frau Dr. Lückert war die angesehene Leiterin einer universitären Forschungsgruppe, eine hochgewachsene Frau mit hellblondem, schulterlangem Haar und einer dunklen Hornbrille, schlank, 42 Jahre alt. Man befand sich auf einem großen Kongress von Germanisten, alles war öffentlich, jede Menge Leute befanden sich im Raum. Sie stand mit zwei Kollegen ihres Instituts an einem Stehtisch in der Kaffeepause, als sie sah, wie Professor Friedrich ihren Tisch ansteuerte. Er kam wegen ihr, das war ihr klar. Sie schätzte ihn fachlich und er sie auch. Friedrich stand kurz vor der Pensionierung und hatte einen enorm guten Ruf in der Szene. Er stellte sich mit weit ausholenden Armbewegungen an den Stehtisch, grüßte kurz, musterte Frau Dr. Lückert und erlaubte sich scherzhaft die Bemerkung: »Das Erste, was ich mir bei Frauen ansehe, sind die Titten und der Hintern, aber da ist ja bei Ihnen nicht viel dran.« Ihre beiden männlichen Kollegen sagten gar nichts, es schien ihnen sehr unangenehm zu sein. Friedrich fand sich großartig und genoss seinen kleinen Skandal-Auftritt. Frau Dr. Lückert erstarrte kurz, nahm aber dann Friedrich am Arm, äußerte laut: »Darüber müssen wir mal unter vier Augen reden«, fasste ihn unter dem Arm und zog ihn auf die Seite, weg vom Tisch. Friedrich ließ das auch tatsächlich mit sich machen, aber dann verließ Frau Dr. Lückert der Mut. Friedrich übernahm das weitere Gespräch, und so etwas wie eine Entschuldigung musste er nicht über die Lippen bringen.

Als wir die Situation nachstellen, wird klar, dass Frau Dr. Lückert anfänglich schon sehr wirksam reagiert hatte, indem sie Friedrich umstandslos am Arm aus dem Kreis entfernte. Sie hätte nur einen Schritt weiter gehen müssen. Wie der aber hätte aussehen können, war ihr nicht eingefallen, weil sie ihn sich als differenzierend verbal vorgestellt hatte – so differenziert, wie man eben unter Intellektuellen spricht. Friedrich hatte mit seinem plumpen Sexismus aber bereits vorgegeben, um wie wenig intellektuelle Qualität es überhaupt ging. Darum trifft es den Sparringspartner alias Friedrich auch am meisten, als Frau Dr. Lückert den Professor vor sich abstellt, ihm die Hand auf die Schulter legt und ihm sehr ernst und langsam nur sagt: »Nein … So … reden wir … nicht … mit Frauen … Ist das klar?« Der Professor versucht, noch irgendetwas anzubringen, was dem Ganzen etwas Scherzhaftes geben soll. Aber Frau Dr. Lückert lässt sich gar nicht darauf ein, bleibt stur stehen und wiederholt mit unverändertem Gesicht: »Nicht … mit Frauen … So reden wir … nicht mit Frauen.« Daraufhin quetscht Friedrich eine Entschuldigung zwischen den Zähnen heraus.

Als ich Friedrich alias den Sparringspartner frage, was er jetzt gern machen würde, sagt er nur: »Wodka. Jetzt hätte ich gern einen Wodka.« Wieso? Ja, weil er sich jetzt so schäme. Eigentlich hat Friedrich ja genau gewusst, dass er sich hier eine Frechheit sondergleichen geleistet hat.


## Berührung und Berührung

Berührung ist nicht gleich Berührung. Man sollte das Kind also nicht mit dem Bad ausschütten. Nur weil man angefasst wird, heißt das noch nicht zwangsläufig, dass so etwas schon übergriffig oder sexuell aufgeladen ist. Das war es auch nicht bei unserem nächsten Beispiel.

Frau Schwarz hatte vor langer Zeit einmal ein geisteswissenschaftliches Fach studiert, dann aber keine Anstellung darin gefunden. Irgendwann landete sie in einem Metallbetrieb. Da machte sie Entwürfe, war inzwischen schon viele Jahre dort und fühlte sich auch ganz wohl. Sie fand es nur jedes Mal übergriffig, wenn der Vorgesetzte zur Tür hereinkam, ihr etwas erklären wollte und sie dabei immer wieder am Arm packte. Obwohl sie viel älter war als er.

Es stellte sich aber heraus, dass der Werkstattmeister beim Erklären eines technischen Sachverhalts alles anfasste, was auf dem Tisch lag; sozusagen ohne Ansehen der Person. Er war einfach jemand, der sich voll auf ein handwerkliches Problem einließ und dann im Eifer des technischen Gefechts gar nicht mehr wusste, dass das da jetzt kein Gewinde war, sondern ein Unterarm. Das war aber nicht nur bei ihm so, sondern auch bei vielen anderen im Betrieb. Frau Schwarz war kommunikativ, aber trotz der Jahre, die sie schon im Betrieb war, in diesem Milieu noch nicht ganz angekommen. Der ehemaligen Geisteswissenschaftlerin war entgangen, wie körperlich in diesem Arbeitskontext Informationen verteilt wurden. Das hatte nicht einmal ansatzweise etwas sexuell Aufgeladenes.

Ganz anders war es mit Frau Rickbach, einer wissenschaftlichen Hilfskraft am Institut eines älteren Professors. Typische Szene: Frau Rickbach saß an ihrem PC und fragte ihren Chef: »Ich habe hier das Buch endlich gefunden, aber es steht in einer Sonderbibliothek. Wie kommen wir denn da dran?« Sie vermied solche offenen Fragen, soweit es ging, denn dann passierte genau das, was der Professor jedes Mal bei solchen Fragen machte: Er kam von hinten an ihren Tisch, legte eine Hand auf die Rückenlehne ihres Stuhls und drängte sich dabei eng an sie. Dabei tat er so, als würde er auf ihren Bildschirm sehen. Frau Rickbach empfand das als sehr unangenehm und versuchte immer, die Situation verbal zu beenden: »Na ja, das kriege ich schon noch raus!« Der Professor tätschelte ihr dann viel zu lange den Oberarm, bis er endlich ging.

Das war nun wirklich eine übergriffige Berührung mit einem sexuellen Unterton. Die Lösung dafür ist aber eigentlich ganz einfach, wenn man sich auf die Move-Talk-Ebene begibt, die der Professor selbst schon beschritten hat. Dazu muss Frau Rickbach nichts anderes tun, als langsam und entschieden aufzustehen und, stehend, einfach weiterzureden. Dabei stellt sich heraus, dass sich der Professor sofort zurückzieht, wenn sie ihn auf diese Weise physisch konfrontiert. Mehr muss sie gar nicht machen. Schon gar nicht an dieser Stelle etwa verbal eine »grundsätzliche Klärung« herbeiführen wollen …

Ich will nicht unerwähnt lassen, dass es auch extrem grobe körperliche Übergriffe im Firmenkontext gibt. Es begegnet mir zwar relativ selten, aber es gibt tatsächlich den Vorgesetzten, der der Mitarbeiterin an den Po fasst oder im Sitzen seine Hand auf ihren Schenkel legt. Wer dann den Reflex hat, dem Herrn sofort eine Ohrfeige zu geben, darf das auch schnörkellos machen. Es gibt für dieses Verhalten von Chefs oder Kollegen keine Rechtfertigung. Was diese Reaktion für die weitere berufliche Zukunft in der Firma oder am Institut für Folgen haben könnte, sollte man sich in der Sekunde des Übergriffs nicht weiter überlegen. Sehr wahrscheinlich hat man dort nach solch einem Akt und solch einer Reaktion sowieso keine große Perspektive mehr.

Es kommt vor, aber das ist noch seltener, dass ein übergriffiger Kollege oder Chef nach dem Auftreffen der Hand auf der Backe sofort einsieht, wie viel er falsch gemacht hat, und sich umgehend entschuldigt. Häufiger allerdings handelt es sich leider um narzisstische

Buben (egal welchen Alters), die sich die fälschliche Überzeugung antrainiert haben, dass sie als Chef alles dürfen. Eine Move-Talk-Reaktion in Gestalt einer Ohrfeige empfinden sie als überraschende Kränkung. Erst recht – und auch das ist erlaubt! –, wenn sie sich die vor Publikum eingefangen haben. In diesen Sekunden kann eine Arbeitsbeziehung vorbei sein. Ja, das ist ungerecht! Aber es kommt vor.

Vielleicht trügt mein Eindruck, aber es scheint da einen Unterschied zwischen den Generationen zu geben. Bei der älteren Frauengeneration scheint die Ohrfeige bei solchen Übergriffen noch zum ganz legitimen Kanon möglicher Reaktionen zu gehören: *Wer diese Grenze überschreitet, fängt eine, egal, wer er ist.* Der Prozentsatz von Frauen, die sich dabei aber sehr unsicher sind, scheint bei einer jüngeren Generation höher zu sein. Das hat sehr wahrscheinlich mit der Unmenge sexualisierter Bilder zu tun, die Älteren noch überhaupt nicht selbstverständlich waren, bei Jüngeren aber beispielsweise über das Internet allgegenwärtig sind. Da hält man dann ein Verhalten für üblich und tolerabel, weil man es schon so oft auf dem Display gesehen hat – auch wenn man persönlich dabei Ablehnung empfindet. Der Denkfehler dabei ist, dass es bei den meisten der groben Übergriffe durch Vertreter vertikaler Kommunikation nicht einmal um tatsächliches sexuelles Interesse an einer spezifischen Person geht, sondern um Machtausübung.

# Die Spielverderberin

Reaktionen auf der Ebene des Move Talk sind mit einer Bewegung des eigenen Körpers im Raum – bis hin zu Spitzen wie einer Ohrfeige – sehr mächtig und oft sehr eindrucksvoll. Allerdings stellen sie so etwas wie die letzte Eskalationsstufe dar. Die sollte man auch nicht inflationär einsetzen. Es kann schon genügen, auf einer Basic-Talk-Ebene zu antworten, wenn es vonseiten des Aggressors selbst auch nur bei »Worten« bleibt. Aber was heißt schon »nur Worte«? Bereits die können ziemlich nachdrücklich wirken. Doch auch hier gilt die Regel: Je einfacher man reagiert, umso wirkungsvoller ist das meistens. Wie bei dem kleinen Kabinettstück unter vier Leuten auf engem Raum. Drei gegen eine. Spiel, Satz und Sieg:

In einem Büro saßen sich an zwei an der Längsseite zusammengeschobenen Schreibtischen je zwei Personen gegenüber: links der Dispositionschef einer Spedition, ihm gegenüber eine freie Disponentin, rechts von ihr ein ebenfalls freier Disponent und ihm gegenüber noch ein weiterer männlicher, freier Mitarbeiter. Also Arbeiten auf engstem Raum. Ein Ausweichen war hier kaum möglich. Umso bedrängender wurde es in diesem beengten Ensemble, wenn der Chef täglich, manchmal sogar mehrmals am Tag, sexuell aufgeladene Späßchen auf Kosten der einzigen Frau am Tisch machte. Das letzte Mal war es wieder einmal so: Alle saßen vor ihren Bildschirmen und klackerten auf ihrer Tastatur, als der Chef, offenbar bei einer Internet-Recherche, auf eine neue Vorlage stieß. Laut gab er seinem Erstaunen darüber Ausdruck, dass er da lesen würde, 90 Prozent aller Frauen in Deutschland würden im Bett einen Orgasmus vortäuschen. Hohoho – dazu konnte man natürlich treffliche Kommentare zum Besten geben, und die zwei anderen Herren machten auch kräftig mit. Die Frau im Raum fand es völlig daneben, ließ ihren inneren Rolladen herunter, bearbeitete verbissen die Tastatur und tat so, als würde sie das alles nicht hören.

Als diese Szene in einem Workshop geschildert wird, machen ein paar Teilnehmerinnen den Vorschlag, das sofort persönlich und ironisch zu beantworten, etwa: »Bei dir bliebe einem ja gar nichts anderes übrig« oder »Mehr als zehn Prozent haben ja auch nichts anderes verdient«. Ironie in solch einer Situation ist jedoch ein zweischneidiges Schwert. Die Gefahr bei solcherart ironischen Antworten ist, dass man zur Ausweitung des Themas überhaupt erst einlädt, wenn man sich bereits zu einer so inhaltlichen Erwiderung hat bewegen lassen. Besser ist es wahrscheinlich, den Spaß an sich kaputtzumachen. Das gelingt am ehesten, indem man sich aus der eben gehörten Aussage ein oder zwei Begriffe herausnimmt, sie langsam und laut so lange wiederholt, bis das Spaßmaschinchen leerläuft. In unserem Fall wählt sich die Protagonistin das Begriffspaar »neunzig Prozent« aus.

Der Sparringspartner nimmt Platz und steigt ohne Mühe sofort und breit grinsend mit seiner provozierenden Aussage ein – »90 Prozent aller Frauen in Deutschland …« usw. Die Frau am Tisch blickt ihn gar nicht an, sondern schaut auf den Bildschirm, schreibt weiter und sagt laut, mit unbewegter Miene und sehr langsam vor sich hin »neunzig«, lange Pause, »Prozent«. Der Chef geht noch einmal darauf ein: »Ja, genau, Wahnsinn, oder?« Die Frau wiederholt immer noch im gleichen, langsamen, unbewegten Ton »neunzig«, Pause, »Prozent«. Er sagt noch etwas, aber schon weniger freudig erregt. Sie wiederholt noch einmal ihren Spruch, laut und mit geradezu monotoner Stimme, immer weiter die Tastatur bearbeitend. Der Chef äußert sich nicht mehr. Ich frage ihn, warum er jetzt nichts mehr sage? Antwort: »Das wird jetzt irgendwie langweilig. Macht keinen Spaß mehr.« *Tja, Freundchen, genauso war's gedacht!*

Kapitel 4

## Die Rüstung für die Seele
oder: Wie Frauen ihre berufliche Rolle nutzen können

## Mord an Agamemnon

Die mykenische Königin Klytämnestra ist eine klassische Gestalt im Schultheater der humanistischen Gymnasien. Da kommt der Held Agamemnon heim vom Krieg in Troja, in der Zwischenzeit hat sich seine Frau aber einen Liebhaber zugelegt – in der griechischen Tragödie kann das nur blutig enden. Darum wirft ihm Klytämnestra ein Netz über, macht ihn hilflos und erdolcht ihren Mann. Dramatisch. Agamemnon will nämlich durchaus nicht sterben, Klytämnestra sticht trotzdem zu.

Trotz der nervenzerfetzenden Tragödie haben die Schülerin und der Schüler, die in Kostümen und mit ihren einschlägigen Utensilien (Netz, Dolch) auf der Bühne gestanden haben, sehr wahrscheinlich am nächsten Tag kein Problem damit, sich die Mathe-Hausaufgaben zu erklären. Da ist kein böser Gedanke vom Abend vorher zurückgeblieben. Nichts hat man persönlich genommen. Warum auch? Da war zwar eine Menge Aktion auf den Brettern, aber es waren eben doch nur, bei aller Intensität, Bühnenrollen gewesen, die man da gespielt hat.

Es wäre eine enorme Entlastung, wenn wir Konflikte und Begebenheiten im Berufsalltag mit einer ähnlichen inneren Distanz sehen könnten: Das war ja nur etwas auf einer beruflichen Bühne gewesen. Am Tag danach hieße es dann: Neues Spiel, neues Glück. Viele Menschen haben aber heute ein merkwürdig unentspanntes Verhältnis zu beruflichen Rollen. Für viele bedeutet es schon eine Zumutung für ihre Freiheit, dass Rollen, auch berufliche, überhaupt vorhanden sind. Rollen scheinen jede Form von Entwicklung zu behindern. Besteht Selbstverwirklichung nicht gerade darin, Rollen aufzubrechen und am besten gar keine Rollen mehr zu brauchen – damit ein leuchtendes Selbst sich endlich so entfalten kann, wie es das möchte? Vielleicht stimmt das alles sogar, wenn man als einziger Mensch auf einer isolierten Insel lebt. Dann sind Rollen völlig unnötig, man unterhält sich mit sich selbst womöglich blendend, keiner redet einem rein, niemand macht einem Vorschriften, und das Selbst kann exzessive Feste feiern. Je weiter man dieses Bild aber ausmalt, umso unbehaglicher wird es. Denn derart allein wie auf so einem Eiland will ja im Ernst niemand sein. Für Robinson Crusoe war die Ankunft eines einzigen anderen Menschen das größte Ereignis seines isolierten Alltags. Kaum war der andere allerdings da, bekam Robinson sofort ein Rollenproblem.

Sehr wahrscheinlich ist das Auftauchen von Rollen unlösbar damit verknüpft, dass Menschen überhaupt mit anderen Menschen zusammenleben müssen oder wollen. Sobald mehr als eine Person im Spiel ist, entwickeln sich unterschiedliche Rollen. Das Problem ist also vielleicht gar nicht, dass es überhaupt Rollen gibt, sondern wie verbissen oder souverän man damit umgeht, und ob sie in Beton gegossen oder veränderbar sind.

In diesem Zusammenhang taucht ein großes Missverständnis über den Begriff des Authentischen auf. Ich bekomme immer wieder die Frage zu hören, ob man denn noch authentisch sei, wenn man sich zum Beispiel als Frau gegenüber einem Mann so verhält, wie man das gegenüber einer anderen Frau nicht tun würde. »Authentisch« wird dabei mit »ehrlich« gleichgesetzt, und so grundsätzlich, wie die Frage dann oft gemeint ist, kommt

74

sie mir mittlerweile ziemlich deutsch vor. »Du sollst dich nicht verstellen. Sei echt und unverfälscht. Verstecke dich nicht.« So attraktiv es vielen Menschen erscheint, als authentisch zu gelten, so wenig würden sie das normalerweise als Problem sehen, wenn sie gerade eine Fremdsprache zu sprechen versuchen. Ist ein Deutscher, der französisch spricht, nicht mehr authentisch? Verstellt sich eine Spanierin, die deutsch redet? In Wirklichkeit handelt es sich – in diesem Zusammenhang – um eine Verwechslung. Die Persönlichkeit verändert sich nicht grundlegend, wenn man sich in einer anderen Sprache ausdrückt. Es handelt sich nicht um eine Gehirnwäsche, sondern um den begrenzten Umgang mit einem sprachlichen Werkzeug. Innerhalb dieses Rahmens bleibt noch eine ganze Welt von Ausdrucksmöglichkeiten, die dem persönlichen Charakter entsprechen. Wer von einem horizontalen System bei Bedarf auf ein vertikales umschalten kann, kann immer noch er/sie selbst sein und wird damit nicht zu einem/r Betrüger/in.

## Beschützende Rollen

Der Wiener Philosoph Robert Pfaller stellt fest, dass wir heute mit der Vernachlässigung von Rollen etwas Wesentliches verlieren: »Wenn Menschen in Städten früher, etwa seit der Renaissance, vor die Tür traten, sprachen sie anders und kleideten sich anders als zu Hause. Sie spielten eine Rolle und hielten ihre private Person und deren Befindlichkeiten im Hintergrund. Heute ist das anders … Nun platzen alle ständig mit ihren Befindlichkeiten heraus und empfinden das auch noch als Befreiung. Allerdings spüren sie alles plötzlich auf der eigenen Haut, anstatt wie früher auf der Maske ihrer Rolle.« Auf den Einwand des Interviewers, es sei doch gut, wenn man authentisch sei und sich nicht verstelle, entgegnete der Philosoph: »Klar, die Rollenspiele des öffentlichen Lebens waren anstrengend, aber sie lohnen sich noch heute. Die Rolle sagt zu uns: ›Zeig nicht immer deine Befindlichkeiten …‹ Das ist ein viel milderer Imperativ, als wenn man sagt: ›Sei authentisch, und wenn dir jetzt nicht danach ist, höflich zu sein, häng das sofort raus …‹ Es ist diese Be-yourself-Ideologie, die uns das Leben versaut.«

Pfaller hat ganz recht. Mit dem Anspruch, unentwegt authentisch zu sein, sollte man ein bisschen vorsichtig umgehen. Dann könnte man sich eine Menge Energie sparen. Manchmal ist es sogar nur ein Vorwand, um sich kein neues Verhalten zumuten zu müssen. Wie bei einem männlichen Manager, der irgendwann einsehen musste, dass er seine Mitarbeiter demotiviert, wenn er sie regelmäßig zusammenbrüllt. Als ich ihn auf dieses Verhalten ansprach, gab er mir eine durchaus typische Antwort: »Ja, soll ich jetzt zu schleimen anfangen? Da wäre ich ja nicht mehr authentisch.«

Ehrlich, aber beschränkt. Ist das dann authentisch? Wenn man so fundamentalistisch argumentiert, manipuliert man sich selbst in eine Sackgasse hinein. Mit solch einem Verständnis vom Authentischen bliebe alles so subjektiv ehrlich, wie man es sich in seinem kleinen Ego-Universum eben eingerichtet hat. Lieber kein ver

ändertes Verhalten, sich lieber auf keine neue Herausfor-
derung einlassen, schon gar nicht eine andere Sprache
sprechen, schon gar nicht eine andere Rolle als gewohnt
einnehmen. Dabei würde gerade das das eigene Repertoire erweitern.

Eine der großen Entdeckungen des frühen Christen-
tums war so formuliert worden: »Der Sabbat ist für den
Menschen da, nicht der Mensch für den Sabbat.« Jesus,
der das seinerzeit so ausgesprochen hatte, bekam wegen
dieser Maxime eine Menge Ärger. Aber es ist ein Grund-
satz, der für Führungskräfte gedacht scheint. Denn
bezogen auf berufliche Rollen könnte er lauten: »Deine
berufliche Rolle ist für deine Menschlichkeit da – nicht
dein Menschsein für die berufliche Rolle.« Insofern
können Rollen im Berufskontext sogar schützen! Wegen
einer Rollenbeschreibung ist man nämlich gerade nicht
für alles zuständig, und darauf darf man sich auch berufen. Das ist nicht der berüchtigte bürokratische »Dienst
nach Vorschrift«. Erst die Abgrenzung macht einen für
die Rolle, die man beruflich legitim innehat, überhaupt
produktiv und professionell. Und sie bietet eine erste
Barriere gegenüber Manipulationsversuchen. Sich für
alles – auch weit jenseits der Rolle – zuständig zu halten
heißt im Übrigen noch lange nicht, dass man das auch
alles tatsächlich kann. Das Gegenteil ist viel wahrscheinlicher. Als Führungskraft ist man mit einer solchen Einstellung sowieso schnell erledigt.

Berufliche Rollen sollten ernst genommen werden –
nicht als Aufforderung zur Verstellung, sondern als Ver-
pflichtung zum professionellen Auftritt und als wohl-
tuende Abgrenzung zugleich. Es versteht sich völlig von

selbst, dass die eigene berufliche Rolle und die eigene Persönlichkeit so gut wie nie völlig zur Deckung kommen. Die Persönlichkeit ist viel umfassender und viel reizvoller, viel weiter und viel tiefer als der Ausschnitt, den man von ihr auf der beruflichen Bühne zeigt und für den man bezahlt wird. Dass das so ist, macht es einem im Übrigen auch erst möglich, woandershin zu gehen, wenn man auf seiner aktuellen Bühne mit seiner gegenwärtigen Rolle nicht zufrieden ist. Ein Bühnenwechsel fällt umso leichter, je mehr man vom Reichtum der Persönlichkeit weiß, die über die eigene aktuelle Berufsrolle hinausreicht.

Wenn man allerdings auch in seinem Privatleben ununterbrochen sein berufliches Rollengewand trägt und vom Aufstehen bis zum Schlafengehen ohne Pause eine ausschließlich berufliche Existenz führt, handelt es sich eher um das Leben eines Leibeigenen und um einen geradezu totalitären Rahmen. Es ist nur logisch, wenn private Beziehungen so ein Leben meistens nicht aushalten und sich Menschen (erst recht Führungskräfte) in solch einem Leibeigenen-Verhältnis rasch auf ihren Burn-out zubewegen. Dass solche beruflichen Lebensweisen im Zeichen virtueller Naivität beschönigend als ganzheitliches Arbeiten, als Triumph der Flexibilität ausgegeben werden, als irgendwie hip, als avantgardistisch, ändert nichts am selbstmörderischen Sachverhalt.

Berufliche Rollen stellen in diesem Zusammenhang einen manchmal sogar heilsamen Faktor dar, der Überforderung verhindern kann. Die Halbtagskraft kann nicht im Ernst für alles im Betrieb zuständig sein. Der Buchhalter ist nicht der Chef, deshalb muss er sich auch nicht permanent Gedanken über die strategische Zukunft der Firma machen. Die Schulleiterin muss nicht selbst die Fußböden schrubben, obwohl sie es vermutlich technisch ganz gut könnte. Man muss sich nicht den Kopf von jemand anderem zerbrechen, wenn man dafür gar nicht bezahlt wird! Und deshalb sollte man wissen, was zur eigenen Rolle gehört und was eben nicht, und in diesem Rahmen seinen Job möglichst professionell erledigen. Für Führungskräfte kann es nicht im Ernst darum gehen, die eigene berufliche Rolle zu ignorieren oder zu verweigern, weil man sie als Zumutung für ein authentisches Leben missversteht. Die Lösung kann eigentlich nur darin liegen, gerade diese Rolle authentisch auszufüllen.

## Das Loch in der Maske

Vielleicht ist die Erinnerung an einen sehr alten Zusammenhang ganz nützlich, um die angemessene Weise für einen Umgang mit der beruflichen Rolle zu verstehen: Im antiken griechischen Theater wurden alle Rollen von Männern gespielt, auch die von Frauengestalten. Um das tun zu können, trug jeder Schauspieler eine Maske. Da es noch keinerlei künstliche Verstärkung für die Stimmen gab, musste jede Maske ein Schall-Loch haben, durch das der Ton nach außen zu den Zuschauern drang. Dieses Loch wurde später im professionellen Schauspieler-Latein als »per-sona« bezeichnet – »das, wohindurch es tönt«. Es dauerte nicht lange, bis die gesamte Maske

»Persona« genannt wurde. Und genau von diesem Wort kommt unser heutiger Begriff der »Person« bzw. der Persönlichkeit. Eigentlich ist das ein gut nachvollziehbarer Gedanke: Das Ich des Schauspielers soll nicht jederzeit offen und verwundbar auf seinem Gesicht ausgestellt werden. Das Ich wird vielmehr geschützt durch die Rollen-Persona, durch die Maske, die es in bestimmten Stücken aufsetzt, je nach Stück wechselt und auch wieder abzieht, wenn der Vorhang gefallen ist. Ein Schauspieler, der ohne Unterlass auch zu Hause seine professionelle Persona anbehalten hätte, wäre vermutlich schon in der Antike als gestört empfunden worden.

Die Tiefenpsychologie C. G. Jungs hat mit dem Begriff der »Person« folgerichtig den Teil des Ichs bezeichnet, der sich darum kümmert, dass sich ein Mensch überhaupt in einer Gruppe angemessen bewegen kann. Die »Maske« der Person ermöglicht für Jung einerseits die Anpassung in einer Gruppe, ohne die ein Individuum in permanentem Kriegszustand leben müsste. Andererseits kennt Jung auch ganz genau die Gefahr, dass das Ich vor lauter vorgezeigten Personen zu kurz kommt. Deswegen aber ganz auf die Person zu verzichten, auf den Schutz der funktionalen Rolle, wäre Jung nicht in den Sinn gekommen. Es ist erst diese »offizielle« Person, die das innere Ich wie eine Rüstung davor schützt, sich immer nackt zeigen zu müssen.

In einer horizontalen Kommunikationswelt werden berufliche Konflikte leicht als etwas sehr Persönliches empfunden. In einem vertikalen System gehen viele berufliche Auseinandersetzungen nicht sehr tief, weil sie nur bis zur Haut der Rolle gehen (und auch nie tiefer beabsichtigt waren). Viele Konflikte zwischen Männern und Frauen verebben überraschend schnell, wenn die beteiligte Frau unaufgeregt ihren beruflichen Rang und damit ihre Zuständigkeit (bzw. Nicht-Zuständigkeit) explizit ausspricht. Andere Frauen finden es oft seltsam oder irritierend, wenn sie das hören. Viele Männer finden es ziemlich normal. Zwischen der Feststellung »ich bin die Abteilungsleiterin, mein Name ist Schmitt« und einem bloßen »ich bin Frau Schmitt« liegen Welten! Gerade inmitten eines Arbeitsverhaltens, das in das Privatleben übergreift (damit aber sehr oft nicht einmal effizient ist), sollte man sich daran erinnern, wie oft man sich tatsächlich auf einer Bühne befindet – der beruflichen nämlich.

**DIE BERUFLICHE BÜHNE**

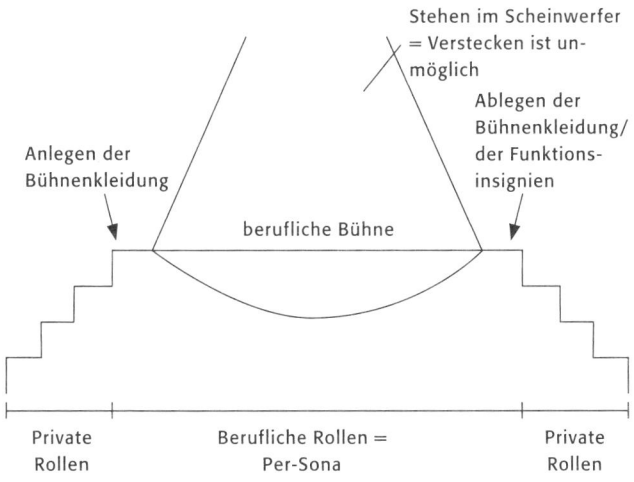

# Im Scheinwerferkegel

Wenn ich morgens um sechs aufstehe, bin ich noch privat. Ich lümmle vielleicht in meinen Nachtsachen länger herum als eigentlich nötig, trinke in aller Ruhe den Morgenkaffee und lese Zeitung, womöglich bin ich schon ganz früh draußen und jogge. Oder ich meditiere oder schreibe ein Gedicht. Jedenfalls befinde ich mich noch nicht in einer beruflichen Rolle. Irgendwann aber öffne ich die Tür zum Schauplatz meiner Arbeit, und von diesem Zeitpunkt an bin ich auf der beruflichen Bühne. Ich stehe von diesem Moment an im Scheinwerferlicht, werde gesehen (vielleicht sogar genau beobachtet) und erlebe spannende oder langweilige Szenen im Lichtkegel. Alles im Rahmen meiner Bühnenrolle. In diesem Raum sollte ich verstehen – gerade als Führungskraft –, dass ich gar keine Alternative dazu habe, als mich zu zeigen. Ein Einsiedler oder eine Einsiedlerin hätte das nicht nötig. Aber wer im beruflichen Rampenlicht steht, kann eine einsiedlerische Haltung nicht ohne Schaden einnehmen. Irgendwann fällt der Vorhang wieder, man entfernt sich von der Bühne und wird wieder privat. Dazwischen befindet sich ein Zwischen-Raum der Abbremsung, der einem beim Umschalten auf andere Rollen helfen kann. Wer mit der Bahn oder dem Rad zur Arbeit fährt, bekommt diesen Raum von allein gestellt. Andere müssen ihn sich erst einrichten. Nach Durchschreiten dieses Zwischen-Raums kann man dann zu Hause die leidenschaftliche Geliebte sein, der geduldige Gärtner, die poetische Autorin, der wilde Maler, die strenge Hundeausführerin, der Genießer japanischer Gerichte, die warmherzige Mutter usw. Am nächsten Tag wird ein neues Stück auf der Bühne gegeben, die einem die Gage einbringt.

Weibliche Führungskräfte, die diesen Wechsel gut hinbekommen, unterscheiden oft strikt zwischen der Kleidung, die sie im Beruf anhaben, und der, die sie privat tragen. Sie wissen, dass sie mit einer Bühnenkleidung hantieren. Und sie haben völlig recht damit. Denn wenn sie sich am Morgen diese Bühnenkleidung anziehen, kommen sie leichter in ihre Rolle; wenn sie sie am Abend wieder ablegen, können sie auch die Rolle gelassener hinter sich lassen. Natürlich sind da traditionell uniformierte Rollen im Vorteil: Polizistinnen, Soldatinnen, Ärztinnen, Handwerkerinnen im Blaumann. Wenn man eine so offensichtliche Uniform nicht hat, sollte man sich selbst eine kreieren. Einfach aus Schutzgründen. Denn wenn man seine eigene Bühnenkleidung abstreift, dürfen mit ihr auch viele tagsüber erlebte Auseinandersetzungen im Kleiderschrank zurückbleiben. Menschen, die im Homeoffice arbeiten oder irgendwo ganz allein im Feld, sind bühnentechnisch gesehen zuerst einmal im Nachteil. Für sie ist der Aufwand viel größer, sich solche rituellen Anfangs- und Abbremsräume zu schaffen. Das heißt nicht, dass sie ihnen nicht gut tun würden. Wer sich solche Kunstgriffe nicht aneignet, hat es wesentlich schwerer, seine Arbeit nicht bis in den Schlaf mit sich herumzuschleppen.

Mit einem solchen energiesparenden Rollenbewusstsein lässt sich auch bewältigen, was sich im Rücken aller Führungskräfte zwangsläufig und vorhersehbar abspielt. Denn weil sie sich so sichtbar auf einer beruflichen Bühne bewegen, werden beim Publikum pausenlos private – und nicht nur gute – Assoziationen zu den Leuten im Scheinwerferlicht hervorgerufen. Das muss auch so sein. Und darum sollte sich eine Chefin nicht wundern, wenn sie im vollen Bewusstsein ihrer Funktion durch die Maschinenhalle oder den Hörsaal geht, und ahnt, dass ihr bei jedem Schritt die Mitarbeiterinnen und Mitarbeiter biographische Filme auf den Rücken projizieren: *Dieses eingebildete Weib – meine Schwiegermutter ist auch so eine*; *mein Mathelehrer war auch so ein blöder Kerl*; *mein Bruder war auch immer so gemein zu mir, genau wie die* … Dafür kann die Chefin natürlich gar nichts. Aber dass das so abläuft, hat sie hinzunehmen. Das ist Teil des Stücks. Auch dafür bekommt sie (hoffentlich) mehr Geld als andere, es sind sozusagen auch Einnahmen aus der Vermietung ihres Rückens. Und der Belegschaft tut's gut. Nur persönlich nehmen sollte die Chefin das nicht. Wenn sie die Bühnenkleidung ablegt, bleiben auch die Projektionen im Kleiderschrank.

## Die Sekte im Hosenanzug

Es war leider charakteristisch, wie eine große deutsche Wochenzeitung die weibliche Führungskraft einer Groß-forschungs-Einrichtung beschrieb: »Trekking-Hose, kurze Haare, das Hemd kariert.« Die Managerin »sieht aus wie eine Pfadfinderin, die ein Lagerfeuer anzünden kann, die weiß, welche Pilze giftig sind und wie man einen Unterschlupf baut, wenn es anfängt, in Strömen zu regnen.« Irgendwie nicht unsympathisch für eine patente Erzieherin in einem Kindergarten oder jemanden, der die Buchhaltung in einem Handwerksbetrieb macht. Tatsächlich aber ging es in diesem Fall um einen völlig anderen Job, nämlich um eine Führungsposition. Es gehörte zur Aufgabe dieser Managerin, eine extrem anspruchsvolle politische Außenvertretung ebenso zu gewährleisten wie vielen eitlen Männern innerhalb ihrer Organisation auf Augenhöhe ihren Rang klarzumachen. Vor diesem Hintergrund ist ein solches Outfit aber geradezu grotesk. Die Naivität, mit der hier jemand die Verbindung zwischen offizieller Rolle und darstellungstechnischer Repräsentanz gerade *nicht* herstellt, ist bedauernswert, kommt aber viel zu oft vor.

Sie ist leider auch typisch für das, was man sich oft in einem horizontalen Sprach-Umfeld antrainiert. Denn dort wird es ja gerade *nicht* belohnt, wenn man optisch herausragt. Wenn man einen Führungsanspruch offensiv nach außen vertritt, auch nicht. In einem horizontalen Umfeld wird laut Deborah Tannen eher geschätzt, wer für eine insgesamt lockere Stimmung in der Gruppe sorgt und egalitäre Zeichen wie ein kommunikatives Schmiermittel verteilt. Jemand, der in solchen Gruppen heraussticht, wird nicht allzu gern gesehen. Die daraufhin entstehenden Reaktionen anderer Frauen werden dann oft als »Neid« verstanden, tatsächlich sind sie aber nur der typische Abstoßungsreflex dieser Kommunikationswelt: *Du sollst eine von uns sein – und uns nicht das Gefühl geben, du bräuchtest uns alle nicht!* Wenn man sich dieser systemimmanenten Vorschrift nicht kritisch stellt, wird man von einer Regieanweisung manipuliert, der es eigentlich egal ist, wie es der Betreffenden geht. Die Manipulationsfalle besteht in einem hohen Gruppendruck, und gerade sie schwächt Frauen im Konflikt mit Männern erheblich.

Ich werde immer wieder darauf angesprochen, oft mit einem gewissen Bedauern in der Stimme, ob man zur Darstellung der eigenen Rolle nur im Hosenanzug herumlaufen könne oder sich gar wie ein Mann anziehen sollte. Ganz bestimmt nicht! Bei einem meiner Seminare in einem großen Konzern waren weibliche Führungskräfte aus allen Teilen Deutschlands angereist, alle waren einander unbekannt, aber alle trugen, ohne sich abgesprochen zu haben, schwarze oder dunkelgraue Hosenanzüge. Bei einem Blick in die Runde gruselte es mich fast ein bisschen – es sah optisch aus wie die Versammlung einer bizarren Sekte, und die Frauen wirkten wie Klone in einem Science-Fiction-Film.

So etwas ist ein Missverständnis. Niemand muss sein Geschlecht verbergen, auch keine weibliche Führungskraft. In Wirklichkeit liegt die Scheu der Abteilungsleiterin, in einem leuchtend gelben Kostüm aufzutreten oder eine Jacke mit einem ungewöhnlichen Muster anzuziehen, weniger an der internalisierten Kleidungsvorschrift, sich wie Männer anziehen zu müssen. Natürlich ist ein Outfit auch branchenabhängig. Aber oft ist die Zurückhaltung bezüglich Farbe, Muster und Schnitt bei weiblichen Führungskräften eher ein Indiz dafür, sich nicht ungebührlich in den Mittelpunkt stellen zu wollen. Doch warum eigentlich? Wie soll man denn als Führungskraft wahrgenommen werden, wenn man sich nicht zeigt? Welchen Eindruck hat das Publikum, wenn sich eine Hauptdarstellerin lieber hinter dem Vorhang versteckt und die Bühne gar nicht erst betreten will? Natürlich kann sich die Hauptdarstellerin einreden, dass es ja nur um die schweigend und unsichtbar erbrachte Leistung hinter dem Vorhang gehe. Das Publikum – und Kollegen und Mitarbeiter sind viel öfter Publikum als etwa Freunde – wird sich sehr oft betrogen fühlen. Irgendwann findet man solche stillen Demuts-Performer langweilig, hört ihnen nicht mehr zu und glaubt ihnen die Kompetenz nicht mehr.

## Der Boss auf der Baustelle

Wenn man sein Bühnen-Outfit mit den entsprechenden Status-Insignien anhat und auf der Bühne erscheint, kann man seine Rolle wie ein freundliches inneres Korsett stützen. Es ist dann sogar hilfreich, ab und zu in einen Spiegel zu sehen, um sich daran zu erinnern, als wer man jetzt gerade unterwegs ist: *Die da im Business-Kostüm, das bin zwar ich, aber nicht mehr in der Rolle der Zeitungsleserin vom Frühstückstisch*, das ist jetzt die Leiterin des Einkaufs oder die Chefin der Forschungsgruppe. Dieses handwerklichen Effekts wegen haben viele Führungsprofis in einem Türflügel ihres Büroschranks einen Spiegel, der den ganzen Körper zeigt. Nicht etwa wegen ihrer vermeintlichen Profilneurose, nein, sondern wegen der Rollenvergewisserung, die auch sie täglich brauchen.

Rollenbewusstsein kann ein grandioser Schutzmechanismus vor Verletzungen in der Alltagsrealität der Arbeit sein. In einem horizontalen System wird darauf weniger Wert gelegt als in einem vertikalen. Vermutlich ist gerade das der Grund dafür, dass sich Frauen im Arbeitskontext oft schneller und länger persönlich getroffen fühlen, wenn sie in einen Konflikt geraten. Sie haben sich von vornherein schutzloser aufgestellt, nämlich vor allem inhaltsinteressiert, aber meist rollenlos. Von beteiligten Männern höre ich nach einem beruflichen Konflikt immer wieder die Aussage: »Das war ja nichts Persönliches.« Warum? Na, weil es ja »nur« im Rahmen der beruflichen Rolle passierte. Das Bewusstsein von der eigenen Rolle ist oft bereits vorentscheidend, wenn es zu Konflikten zwischen Männern und Frauen im Berufskontext kommt. Dieses Bewusstsein sollte man sich verschafft haben, bevor man den entsprechenden Bühnenraum betritt. Das kann man gut sehen an einem Erlebnis wie dem von Frau Schweizer.

Als bauleitende Architektin hatte sie immer wieder Probleme mit Handwerkern, die sich von ihr auf der Baustelle nichts sagen ließen. Der neueste Fall war ein Schreinergeselle, an dessen Arbeit sie viel auszusetzen hatte. Hier sperrte eine Fuge auf, dort war etwas nicht abgeschliffen worden. Wenn die Bauleiterin darauf hinweisen wollte, dass nicht alles zu ihrer Zufriedenheit aussehe, ließ sie der Schreiner auf der Baustelle vor den anderen Handwerkern glatt auflaufen. Während sie mit ihm zu sprechen versuchte, hantierte er mit diversen Werkzeugen und Materialien herum, bis er ihr schließlich sagte: »Das ist innerhalb der Toleranz. Das haben wir schon immer so gemacht.« Sie wurde immer wütender, er immer cooler, bis sie genervt von der Baustelle ging.

Als wir die Situation mit einem Sparringspartner nachstellen, zeigen sich grundlegende Rollenfehler bei Frau Schweizer: Obwohl der Schreiner sie nicht persönlich kannte, hatte sie sich als Erste mit Namen vorgestellt, freundlich gelächelt und war schnell bereit gewesen, eher Auskünfte zu geben als selbst welche zu verlangen. Als die Protagonistin schließlich gegenüber dem Sparringspartner einen wirksamen Weg findet, hat sie Folgendes gemacht: Sie betritt langsam die Baustelle, geht auf das fragliche Werkstück zu, fasst es an und fährt prüfend mit der Hand darüber. Dann fragt sie laut den dabeistehenden Schreiner, ohne ihn direkt anzusehen (Schon das ist eine Rollenbotschaft: *Wenn du so eine wichtige Rolle hättest wie ich, würde ich dich genau ansehen – hast du aber nicht.*): »Und Sie? Wer sind Sie?« Der sagt sofort, wer er ist, gleich ganz Ohr. Frau Schweizer stellt laut und deutlich fest: »Ich bin die Bauleiterin (Achtung: Das ist die Proklamation der eigenen Rolle!), mein Name ist Schweizer.« Der Schreiner hat jetzt aufgehört, etwas anderes nebenher zu machen. Sie setzt nach: »Ist der Chef nicht da?« (Wieder eine Rollenbotschaft: *Ich spreche eigentlich nur mit den Leuten meines Rangs.*) Der Schreiner entschuldigt wortreich die Abwesenheit seines Chefs. Die Bauleiterin fährt mit der Hand prüfend über ein Holzsims, schüttelt langsam den Kopf und sagt sehr deutlich: »Das kann aber nicht so bleiben. So geht das nicht.« (Eine kurze indikativische Feststellung passt zu Schweizers Rolle – eine vorsichtige Frage nicht*)* Als er einen Versuch macht zu widersprechen – »Das ist aber innerhalb der Toleranz.« – unterbricht sie ihn sofort: »Nein, nein. So geht das nicht. Auf meinen (!) Baustellen wird besser gearbeitet.« Der Schreiner ist nun diensteifrig bemüht, den Schaden zu begrenzen. Von Widerstand keine Spur mehr.

Als ich ihn frage, wieso er jetzt so anders auftrete, sagt er nur. »Die hat ja gleich gezeigt, wer der Boss ist. Da hört man eben zu.« Und als ich nochmals nachhake, wie er diese Schweizer überhaupt fände, sagt er nur: »Ja, die ist eben der (!) Bauleiter.« Noch Fragen?

Kapitel 5

# Die Weiche ins Abseits
oder: Wie die Chefin einem schnellen Ende entgeht

## Rituale und Regeln

Anfänge sind manchmal nicht nur Anfänge, sondern leider auch schon das Ende. Wer als Führungskraft irgendwo neu beginnt, begegnet einer Menge von Fallen, mit denen man besser vorher rechnen sollte. Wer naiv davon ausgeht, dass einem in den ersten Wochen ausschließlich Wohlwollen begegnet, kann schneller enttäuscht werden, als einem lieb ist. Alle Mitarbeiter und alle Kollegen haben ja schon eine Vorgeschichte in der Firma, die man noch nicht kennt. Und die ist vielleicht alles andere als erfreulich.

Man sollte alles dafür getan haben, um innerhalb der Organisationshierarchie den eigenen Status wirklich verstanden zu haben, bevor man den zukünftigen Wirkungsort betritt. Als jemand in einer Stabsstelle etwa befindet man sich vielleicht in einer eigentümlichen Nähe zum Machtzentrum, ist aber nicht in der Lage, andere zu etwas drängen zu können. Dann muss man sich immer auf geborgte Autorität berufen (»Der CEO möchte das in einer Woche auf dem Tisch haben«). Eine angestellte Geschäftsführerin ist in der Regel nur den Eigentümern oder dem Aufsichtsrat Rechenschaft schuldig. Als Projektleiterin hingegen agiert sie oft in einer sehr undankbaren Sandwich-Position, anderen fachlich vorgesetzt, aber nicht personalrechtlich; das hat oft den Effekt, dass gegenüber Männern viel mehr Energie aufgewendet wird, um die eigene Autorität durchzusetzen, weil »bloß« fachliche Kenntnisse überhaupt nicht ausreichen.

Es ist für weibliche Führungskräfte deshalb in der Regel sehr hilfreich, sich so früh wie möglich ein Organigramm ihrer Firma oder Organisation zu besorgen und die eigene Rolle dort auch genau zu verorten. Wenn man sich darüber unsicher ist, muss man das explizit mit den Vorgesetzten klären. Vorsicht bei Organisationen oder Betrieben, die angeblich kein Organigramm brauchen! Das riecht nach schwacher Führung und einem guten Nährboden für Intrigen, die unter der Decke gehalten werden. Natürlich braucht man bei drei Mitarbeitern kein Organigramm. Bei dreißig aber schon!

Doch auf welcher Ebene auch immer jemand in eine Organisation oder in einen Betrieb einsteigt: Er oder sie ist zunächst einmal die oder der Neue innerhalb einer Gruppe, die schon viel länger da ist. Dieser einfache Sachverhalt wird nicht dadurch aufgehoben, dass jemand großartige Studienabschlüsse hat oder Erfolge in anderen Firmen feiern konnte. Darum sollte die neu hinzukommende Führungskraft zunächst die längere Anwesenheit von Mitarbeitern würdigen und ihnen nicht sofort Direktiven erteilen, auch wenn sie das von ihrer Rolle her theoretisch dürfte. Diese Würdigung derer, die schon länger da sind oder vielleicht auch wesentlich älter sind, geschieht am besten informell. Unterhalten Sie sich unter vier Augen mit einem Ihrer Mitarbeiter nach dem anderen, vielleicht in der Teeküche, in einer Sitzungspause, in einem eher inoffiziellen Rahmen. Das muss nicht einmal lang dauern, aber die Gesprächspartner sollten das zutreffende Gefühl haben, dass hier jemand ihre persönliche Erfahrung in der Organisation respektiert. Das ist etwas anderes, als die Fehler gut zu finden, die andere womöglich in der Vergangenheit gemacht haben! Es ist

einfach nur ein bisschen Achtung vor fremder Lebens-
zeit. Danach kann das normale Geschäft kommen.

Ich habe schon mehr als einmal erlebt, dass hervorragend ausgebildete Überflieger, die relativ jung in
Führungspositionen gelangten (oft auch mit wenig professionellen Personalabteilungen im Hintergrund), in
den ersten Wochen des neuen Jobs voll gegen die Wand
liefen, weil sie allzu sehr auf ihre eigene Brillanz vertraut
haben. Es gibt da leider eine Größe, die eben auch vorkommt: menschliche Mitarbeiter. Das vergisst man nicht
ohne Schaden.

Ebenso wie die längere Betriebszugehörigkeit anderer
sollte man auch die dort üblichen Riten respektieren. Es
kann schon sein, dass man es persönlich für eine völlig überholte Angelegenheit hält, wenn Mitarbeiter erwarten, dass man ihnen einen sogenannten »Einstand«
zahlt. Je nach Firma und Organisation bedeutet das,
in der Kaffeepause oder gleich nach dem Feierabend
für alle ein paar Brezeln oder Kekse zu besorgen sowie
etwas zu trinken, vielleicht ein Glas Sekt. Dann erfolgt
eine Mikro-Ansprache, besonders nützlich, wenn der
Vorgesetzte auch auf ein Gläschen vorbeikommt. Wie
gesagt, man kann das für überflüssig halten. Aber niemand lässt sich in einem Dorf der Yanomami-Indianer
nieder, ohne deren Rituale zu achten. Man muss sie nicht
einmal verstehen. Aber achten schon. Sonst wird man in
diesem Dorf seines Lebens nicht froh.

Ein Einstand gibt gerade weiblichen Führungskräften
vor einer mehrheitlich männlichen Mitarbeiterschaft
zudem die besonders produktive Gelegenheit, sich fei-
erlich »inthronisieren« zu lassen. Gute Chefs wissen,

wie wichtig das ist. Wenn sie es aus Schusseligkeit vergessen oder aus Bösartigkeit absichtlich nicht machen, dann muss man das einfordern. Wer nicht vom Chef inthronisiert wurde (Achtung: Eine beiläufige Mail genügt nicht!), wird bei den Vertretern des vertikalen Systems viel länger brauchen, um in der Führungsrolle akzeptiert zu werden. Das gilt umso mehr für Menschen, die in klassischen Sandwich-Positionen arbeiten, Stabsstellen, Projektleitungen. Gerade bei ihnen wird die Autorität von Anfang an gestärkt oder geschwächt, je nachdem, ob der Chef gegenüber vertikal Kommunizierenden demonstriert hat, dass er hier hinter jemandem steht oder nicht. Wenn das ohne viel Aufhebens im Rahmen eines solchen Einstands gemacht werden kann, ist das eine elegante Lösung. Wenn das nicht geht, muss es eben offiziell in der ersten Sitzung mit den direkt unterstellten Mitarbeitern nachgeholt werden. Der König verleiht das Lehen. Wer bei diesem Akt nicht dabei war, kann hinterher jederzeit die Legitimität dieses Vorgangs in Frage stellen. Das kann bis zum Bürgerkrieg führen. Klingt kindisch? Nur für horizontal kommunizierende Wesen.

Die formelle Rangdarstellung durch Vorgesetzte zu Beginn einer Arbeitsaufnahme ist nicht nur eine Frage der Höflichkeit gegenüber allen Beteiligten, gegenüber der Führungskraft wie auch gegenüber den Mitarbeitern. Es ist vor allem eine Frage der zukünftigen Effizienz. Unklarheiten, Missverständnisse oder falsche Machtsignale am Anfang können einem sehr lang das Leben schwermachen.

Die angemessene Einführung einer Vorgesetzten gegenüber Mitarbeitern ist nicht unwichtiger als die Aufnahme in den Kreis der Kollegen auf derselben hierarchischen Ebene. Auch die Herren Abteilungsleiter registrieren es am Tisch sehr genau, in welcher Weise die neue Kollegin vom gemeinsamen Chef in der ersten Sitzung begrüßt wird: Gar nicht? Mit einem abträglichen Unterton (»Da hat sich die Firma mal was Hübsches an Land gezogen«)? oder mit einer geschäftlich korrekten Bemerkung: »Ich darf heute unsere neue Kollegin, Frau N. N., im Kreis der Abteilungsleiter begrüßen.« Falls eine solche Begrüßung vergessen wurde, muss man sie vom Chef für das nächste Mal verlangen. Nein, das ist nicht überflüssig!

## Der verzogene Azubi

Während eines Workshops für einen großen Konzern bearbeiteten wir eine ganze Reihe schwieriger Situationen in der Abteilung, die für den Fuhrpark zuständig war. Irgendwann fiel mir auf, in wie vielen Fällen ein gewisser Herr Jabowski unangenehm in Erscheinung trat. Immer wieder war dieser Jabowski jemand, der zu spät zu Besprechungen kam, schlechte Stimmung verbreitete, schlampig angezogen herumlief und mürrisch einen schlechten Job machte. Die Fuhrparkabteilung war komplett in Frauenhand, Jabowski war weit und breit der einzige Mann. Von dem, was ich von den Frauen hörte, hatte ich den Eindruck, dass er sich als zukünftige Führungskraft sah, die auf einem undankbaren Posten gelandet war. Überraschenderweise stellte sich heraus, dass es sich um den Azubi im zweiten Lehrjahr handelte! – Ein Azubi, der sich aufführte wie ein von bösen Mächten entführter Millionärssohn, der eigentlich das Anrecht auf ein ungeheures Vermögen hat.

Ich wollte wissen, wer aus dem Kreis der Frauen seine direkte Vorgesetzte sei. Die Frauen schauten sich an. Offensichtlich fühlte sich keine so richtig angesprochen. Die Azubis kämen eben alle im 2. Lehrjahr zu ihnen in die Abteilung, das organisierten die Personaler; die Azubis könnten sie sich nicht aussuchen, die kämen eben einfach. Ich fragte, wer Herrn Jabowski denn an seinem ersten Arbeitstag hier eingeführt habe? Es meldete sich eine zierliche Frau, die ich bereits als charmante Schnellsprecherin erlebt hatte, Frau Elitz. Sie berichtete, was sie Azubis am ersten Tag eben so mitteile: Wo ihr Schreibtisch sei, wie die Kolleginnen hießen, wofür die im Einzelnen zuständig seien, wo welches Büromaterial liege usw. Aber kein Wort darüber, wer die Chefin sei.

Ich ließ mir genau erzählen, wie dieses Gespräch stattgefunden hatte. Einem männlichen Sparringspartner, der Jabowskis Rolle übernehmen sollte, wurde beschrieben, wie sich der Azubi verhielt. Dann stellten wir folgende Szene nach:

Frau Elitz und Herr Jabowski sitzen sich am Schreibtisch von Frau Elitz gegenüber, Herr Jabowski in seinen Stuhl gefläzt, ein bisschen desinteressiert; Frau Elitz, auf der vorderen Hälfte ihres Stuhles sitzend, in der Hand einen Stift, auf dem Tisch vor sich einen Schreibblock. Noch bevor jemand etwas sagt, frage ich Jabowski, was er von der Frau da vor ihm halte. Antwort: »Die sitzt da so mit ihrem Stift, soll ich der jetzt was diktieren oder was?« Gemurmel bei den beobachtenden Frauen im Raum. Weiter geht's. Frau Elitz arbeitet die Checkliste ab, die sie für Azubis am ersten Arbeitstag auch sonst einsetzt. Jabowski hängt immer noch in seinem Stuhl, wenig begeistert. Schließlich springt Frau Elitz auf und fragt: »Wollen Sie auch einen Kaffee?« Jabowski grinst und nickt. Ich frage sofort nach, warum er denn gerade so grinse. Antwort: »Ja ist doch nett, was die macht.« Ob er eigentlich wisse, dass er der Azubi sei? Jabowski schaut auf einmal völlig verblüfft: »Ach so, stimmt ja, hatte ich ganz vergessen.«

Und genau das hat der echte Jabowski eben auch vergessen. Bis heute. Es hat ihn aber auch niemand jemals daran erinnert! Frau Elitz hat zwar gemerkt, dass Jabowski »irgendwie schlecht drauf war« und wollte deshalb die Stimmung verbessern – mit dem Kaffee. Für Jabowski war aber gerade der Kaffee der letzte Punkt, der ihm klarmachte, wie unterlegen die Frau vor ihm war. Der Kaffee kam bei Jabowski als Demutsgeste an. Sein tatsächlicher formaler Rang als Azubi war bei ihm wie weggewischt. Und damit begann die ganze Quälerei mit einem demotivierten Mitarbeiter, der sich laufend zu viel herausnahm.

Frau Elitz war ganz betroffen, als ich ihr diesen Sachverhalt auseinandersetzte. Das Hilfreichste für diesen Mitarbeiter am ersten Arbeitstag, diesen Botschafter aus der vertikalen Welt, wäre eine Rangbotschaft gewesen, die ihm geholfen hätte, sich selbst einzuordnen. Dass stattdessen lauter aus seiner Sicht völlig nebensächliche Dinge angesprochen wurden, hat ihn immer unzufriedener und latent aggressiv gemacht.

Als wir eine veränderte Version dieser Szene erarbeiten, kommt die Protagonistin am Ende zu folgender Lösung: Sie sitzt an ihrem Schreibtisch, als der Azubi hereinkommt. Sie steht nicht auf, fordert ihn aber auf, sich zu setzen. Als er sich wieder in den Stuhl fläzt, schaut sie ihn an und sagt ihm freundlich, aber bestimmt: »Jetzt setzen Sie sich erst mal richtig hin.« Jabowski nimmt ohne zu zögern und ohne Murren eine aufrechte Sitzhaltung ein. (Er weiß sofort, was sie meint!) Dann sagt sie zu Jabowski: »Herr Jabowski, Sie sind unser neuer Azubi. Ich bin Ihre Vorgesetzte, mein Name ist Elitz. Schön, dass Sie da sind.« Jabowski ist voll bei der Sache.

Ich frage ihn, ob jetzt etwas anders sei als vorher? Er sagt sofort: »Das ist ja wie Tag und Nacht. Total anders.« Wie anders? »Ja … irgendwie interessant, ich bin gespannt, was jetzt kommt.«

Tatsächlich ist Jabowski nicht nur interessiert, sondern auch beruhigt. Denn wenn in einem vertikalen System die Rangordnung unklar ist, erzeugt das Stress bei allen Beteiligten. Mit ihren wenigen Sätzen gleich zu Beginn des Gesprächs hat Frau Elitz dieses Mal Sicherheit hergestellt. Jetzt erst ist der Azubi überhaupt zum Zuhören fähig.

Das wäre natürlich nicht nur bei einem Azubi so. In den ersten Tagen und Wochen muss eine neue Führungskraft gegenüber Vertretern des vertikalen Systems immer wieder den eigenen Rang explizit darstellen – nicht verbissen, nicht brutal, sondern souverän, überlegen, wie selbstverständlich (auch wenn es inneren Aufwand erfordert). Aber *ausgesprochen* werden muss dieser Rang. Sich das alles nur zu denken oder bei anderen schweigend vorauszusetzen, wird nicht genügen. Nicht bei vielen Männern.

## Bedürftige Störer

Ein weiteres Beispiel: Zur ersten Sitzung einer neuen Forschungsgruppe reisten Teilnehmerinnen und Teilnehmer aus allen Ecken Deutschlands an. Die Naturwissenschaftler betraten den Besprechungsraum. Der Umgangston war, wie oft im Forschungsbereich, sehr leger, alle duzten sich. Der leitende Professor war verhindert, deshalb hatte er seine Assistentin namens Tanja damit beauftragt, diese erste Sitzung zu moderieren. Und sie begann so: »Hallo zusammen, ich bin die Tanja. Wir kennen uns ja noch nicht, vielleicht können wir erst mal eine kleine Vorstellungsrunde machen?« Nun stellten sich reihum alle Anwesenden vor. Einer der Männer packte währenddessen sein Notebook auf den Tisch, klappte es auf, stellte es an. Als die Runde zu Ende war, sagte Tanja: »Ihr wisst ja, um was es heute geht, vielleicht können wir zuerst mal über die Prioritäten reden. Mit was wollen wir anfangen?« Nun kamen ein paar Vorschläge, einer der Männer machte derweil irgendetwas an seinem Smartphone. Zwei Männer, die nebeneinandersaßen, fingen an, sich über etwas anderes zu unterhalten. Eine merkwürdig gelähmte Stimmung breitete sich aus. Tanja schwitzte. Das Ganze wurde immer zäher. Mit Müh und Not wurde der nächste Sitzungstermin vereinbart. Mehr kam bei diesem Meeting nicht heraus. Was war schiefgelaufen?

Tanja war sehr wahrscheinlich selbst schuld am Verlauf dieser ersten Besprechung. Denn sie hatte nicht das zur Verfügung gestellt, worauf die Männer am Tisch die ganze Zeit gespannt gewartet hatten: eine Botschaft der Rangklärung. Sie hätte das kurz und schmerzlos machen können: »Hallo zusammen, ich bin Tanja. Ich bin die Moderatorin dieser Sitzung.« Fertig. Mehr hätte es gar nicht gebraucht, die Vertikalos am Tisch hätten gleich gewusst: *Ach so, das ist also die Nummer eins, o.k., alles klar.* Doch Tanja wollte sofort dorthin, wo viele reine Frauenbesetzungen anfangen können, nämlich straight to the point, sachlich ohne Umschweife. In einem horizontalen System spielen Rangklärungen ja auch eine eher untergeordnete Rolle. Tatsächlich war sie völlig naiv davon ausgegangen, dass alle im Raum aus demselben Sprachsystem wie sie kämen. So etwas rächt sich oft.

Und glauben Sie nicht, dass diese Zeichen – Laptop auf dem Tisch, Bearbeiten des Smartphones, beginnende Seitengespräche – keine taktische Bedeutung hätten! Natürlich haben sie das. Es handelt sich um die vorhersehbaren kleinen Putschversuche aus einer vertikalen Welt, da die ersehnte Rangklärung noch nicht stattgefunden hat. Solange Tanja nicht klargemacht hat, dass sie die Nummer eins im Raum ist, haben sich sehr wahrscheinlich viele ihrer männlichen Kollegen gedacht: *Anscheinend gibt es noch keine Nummer eins? Ja, vielleicht bin ich das selbst?* Und schon geht es los mit den Störungen.

Wenn Meetings in gemischten Teams (natürlich erst recht in reinen Männerteams) zum ersten Mal stattfinden, sollte man von vornherein damit rechnen, dass es zu Rangauseinandersetzungen kommt. Sie werden selten aus Bösartigkeit veranstaltet, oft fast aus einer Not heraus: Das System kann leider noch nicht hochfahren, weil sich die Stecker noch nicht in den passenden Anschlüssen befinden. *Wir können hier noch nicht arbeiten, solange die Hierarchie so chaotisch unklar ist.* Darum sollte man auf die ersten Störversuche sogar warten, sie innerlich begrüßen und in ihnen die Vorlage sehen, die umgehend verwandelt werden muss. Wenn der rangklärende Ball versenkt ist, dann ist das System stabilisiert, es kann anfangen zu arbeiten, und Loyalitäten bauen sich auf.

Weibliche Führungskräfte haben besonders in intellektuellen Arbeitsumgebungen große Hemmungen, solche Botschaften wirklich klar zu äußern. Viele denken, es sei nicht nötig, weil es sich implizit von selbst verstünde, dass zum Beispiel jemand wie Tanja einen Auftrag haben müsse. Eine sitzungsleitende neue Chefin hält es für leicht peinlich, ihren Rang zu Beginn der Sitzung ausdrücklich zu erwähnen; die Projektleiterin meint, davon ausgehen zu können, dass sowieso alle wüssten, sie sei Projektleiterin. In einem vertikalen System können allerdings Rangklärungen nur selten implizit erfolgen. Vertikale Vertreter sind Meister darin, Funktionsvermutungen zu ignorieren, die irgendwo auf einer Visitenkarte oder auf einem Türschild im Sinn eines nur formalen Anspruchs stehen. Entscheidend ist das Verhalten auf dem Platz, das heißt, was sich jemand rangtechnisch explizit über sich selbst zu sagen traut.

Bei vielen Klientinnen stoße ich auf diesen tiefen

Wahrnehmungsunterschied. Eine implizite Rangbotschaft ist ihnen viel lieber. Wenn es irgendwo eine Hausmitteilung gegeben hat, in der die neue Chefin erwähnt wurde, reicht das doch! Warum sollte man da so auf den Putz hauen?   Weil viele Männer eine nur implizite Rangaussage oft als rein theoretische Idee verstehen, als so etwas wie einen ungedeckten Scheck oder einen Vertrag, der seine tatsächliche Wirksamkeit erst durch eine spätere Ratifizierung bekommt. Die Deckung beweist dieser Scheck, sobald die neue Chefin mit ihrem Rang explizit geworden ist: »Sie sind hier der Abteilungsleiter, und ich bin Ihre Chefin, und deshalb …« Im horizontalen System sind implizite Aussagen völlig angemessen. In vertikalen Systemen genügen sie oft überhaupt nicht.

## Auf die Eins

In betrieblichen Sitzungssituationen wird schon in den ersten Tagen das Verhalten eingespurt, das man von da an von Kollegenseite regelmäßig erleben wird. Gerade darum ist in diesem Kontext das bewusste Spiel mit Rangordnungen bereits am Anfang so entscheidend. Im Zweifelsfall gilt dort die Regel, die die Trainerin Marion Knaths für vertikal dominierte Besprechungen so formuliert hat: »Immer auf die Eins!«

Das war eine Lehre, die Frau Salawi auf die harte Tour lernen musste. Sie war Projektleiterin in einem Produktionsbetrieb der Chemiebranche und hatte den aktuellen Stand ihres Projekts vorzustellen. Bei der Besprechung war die gesamte Geschäftsleitung anwesend, den Vorsitz hatte der Gesamtgeschäftsführer. Er ließ allerdings zu, dass Frau Salawi laufend von einem Abteilungsleiter unterbrochen wurde, der von der Sache überhaupt keine Ahnung hatte, sondern offensichtlich nur alles gerade so herausplapperte, was ihm eben zufällig durch den Kopf ging. Sie hatte das Gefühl – durchaus zu Recht –, dass sie ganz schnell in eine blöde Rolle gekommen wäre, wenn sie bei jeder Unterbrechung zu ihm gesagt hätte: »Würden Sie mich bitte mal ausreden lassen?«

Ja, aber was stattdessen tun? Knaths hat zutreffend beobachtet, dass Frauen in Sitzungen oft einen Kommunikationsstil haben, der möglichst viele am Tisch einbeziehen will, unabhängig von der Funktion der Betreffenden. Vom Inhalt der Sache her gedacht, ist das natürlich absolut sinnvoll. Demgegenüber hat Knaths bei vielen Männern festgestellt, dass die sich eher an die hierarchische Nummer Eins am Sitzungstisch richten. Der Austausch mit dem Rest im Raum ist nicht so wichtig – wohl aber die politische Signalgebung an die Rangspitze. Das ist auch oft der Grund dafür, dass manche Männer in Sitzungen genau dasselbe Argument wiederholen, obwohl es schon andere gesagt haben. Es geht ihnen nämlich gar nicht um einen weiteren inhaltlichen Beitrag, sondern um einen rangrelevanten: *Hauptsache, der Chef hat mitbekommen, dass ich da bin!*

Die Lösung, die Frau Salawi für ihr Problem mit dem störenden Abteilungsleiter findet, ist am Ende auch die bewusste Einbeziehung der »Eins«. Als der Abteilungsleiter ihr wieder ins Wort fällt, ignoriert sie seine Störung komplett, wendet sich aber mit einer deutlichen Körperdrehung dem Chef am Tischende zu. Der Abteilungsleiter sieht jetzt nur noch ihren Rücken. Dann sagt sie dem Gesamtgeschäftsführer ganz ruhig, aber mit lauter Stimme: »Sie sind der Chef – kann ich jetzt mit meinem Vortrag weitermachen, ohne dass ich dauernd unterbrochen werde?« Der Störer sitzt da wie vom Donner gerührt und regt sich nicht. Ich frage ihn, ob er jetzt vorhat, seine Unterbrechungen von Frau Salawi fortzusetzen? Antwort: »Lieber nicht.« Und wieso nicht? »Ja, wenn sich jetzt auch noch der Chef einschaltet …«

Übrigens können schon beim allerersten Zusammentreffen der neuen Führungskraft mit der zukünftigen Arbeitsumgebung deutliche Zeichen gesetzt werden, die von allen aus dem vertikalen System ganz genau wahrgenommen werden – selbst wenn sie parallel zu verbalen Äußerungen ablaufen und ohne ein einziges Wort auskommen. Das kann schon bei so etwas Kurzem wie einem ersten Händeschütteln sein.

Kaum eine Frau hat nicht schon unangenehm manipulative Begrüßungen erlebt. Dabei weiß man ganz genau, dass hier jemand nur pro forma freundlich ist, tatsächlich aber eine Manipulation versucht wird. Hier geht es um alles andere als Höflichkeit! Der ältere Chefarzt, der beim Ärztekongress in der Lobby des Tagungshotels laut die jüngere Kollegin begrüßt und dabei ihre Hand gleich mit beiden Händen umfasst – und unangenehm lange festhält. Der Staatschef, der vor laufender Kamera grinsend den Oberarm der Kollegin tätschelt, und die

# Die SPIEGEL-BERÜHRUNG

**Regel:**

- Keine hastige (= unsouveräne) Reaktion, sondern gelassene Bewegungen
- Beibehalten von überlegenem Lächeln oder eingefrorener Miene
- Oberkörper nicht dem Kontrahenten entgegenbeugen, sondern gerade halten

### I. Der übergriffige Händedruck Nr. 1

- Der Kontrahent lächelt generös, ergreift zur Begrüßung Ihre Hand – und wenn er sie hat, legt er seine zweite Hand noch obendrauf. So hat er Sie dann »im Griff«.
- Reaktion: Sie legen unaufgeregt Ihre zweite Hand noch über seine zweite Hand – bis ihm unwohl wird. Das wird wahrscheinlich bald der Fall sein.

### II. Der übergriffige Händedruck Nr. 2

- Der Kontrahent ergreift, wiederum grinsend, nicht nur mit seiner einen Hand Ihre Hand, sondern mit der anderen Hand auch noch Ihren Ellbogen.
- Reaktion: Sie spiegeln ihn einfach und halten ihn, ganz genau wie er das bei Ihnen macht, auch an seinem Ellbogen. Dazu dürfen auch Sie freundlich grinsen. Ihm vergeht es dann bald.

### III. Die G-8-Kombination

- Der Kontrahent legt gönnerhaft eine Hand auf Ihren Oberarm, am liebsten vor Publikum.
- Reaktion: Da machen Sie einfach genau dasselbe wie er, nämlich mit demselben fetten Grinsen landet Ihre Hand auch auf seiner Schulter, vorzugsweise mit einem kräftigen Druck, nicht sanft. Bingo! Gleichstand.

ganze Welt sieht, wie er sie damit herunterstuft. Es gibt bei solchen unangenehmen kurzen Situationen ein ganz einfaches Gegenmittel: Spiegeln.

Die Grundidee ist ganz simpel: *Die Geste, die du jetzt gerade machst, mache ich auch.* Ein bisschen Überwindung gehört dazu, weil es oft (aber nicht immer) um Berührungen geht. Aber meine Erfahrung ist, dass kein verbaler Kommentar (»Das möchte ich jetzt aber nicht« oder »Das ist mir jetzt unangenehm«) eine so schnelle Wirkung hat und so nachhaltig bleibt wie die exakte Spiegelung derselben Bewegung. Wenn das eine Frau macht, sind die meisten Männer völlig überrascht. Aber umso schneller wird es ihnen auch unangenehm und sie beenden ihren Versuch. Es versteht sich, dass dieses Prinzip nicht gilt für offensichtlich sexualisierte Berührungen, die einfach nur unterbunden werden müssen.

Man kann von der Politik der deutschen Bundeskanzlerin Merkel halten, was man will. Auftrittstechnisch wirkt sie völlig professionell, weil sie gerade das »Spiegeln« so beherrscht. Eine geradezu exemplarische kleine Szene war ihr Streitgespräch mit dem Chef des Arbeitgeberverbandes im Oktober 2012. Hier kommen die klassischen Elemente eines Spiegel-Vorgangs in der Eingangsphase einer Auseinandersetzung voll zum Einsatz. Wenn Merkel diesen Anfang nicht per Spiegelung, sondern nur verbal-argumentativ gestaltet hätte, wäre sie ziemlich sicher unterlegen gewesen. So aber war sie es, die den weiteren Verlauf bestimmte.

# DIE »MIGHTY-MERKEL-SPIEGELUNG«

I  Auftakt: Hundt und Merkel noch nett im Ton

II  Hundt legt los mit belehrend erhobenem Zeigefinger. Merkel ist überrascht von seiner Heftigkeit.

III  Merkel spiegelt Hundt bis ins Detail. Aber sie steigert sogar: der Kopf wird nach vorn geschoben – dadurch wird der Blick aggressiver. Und ihr Zeigefinger ist fast waagerecht und sticht Hundt entgegen.

IV  Jetzt ist wieder Gleichstand. Und nun kann man sich auch wieder zuhören (aber auch erst jetzt!)

(Streitgespräch zwischen Arbeitgeberpräsident Dieter Hundt und Bundeskanzlerin Angela Merkel am 16. 10. 2012 in Berlin; vgl. Süddeutsche Zeitung 17. 10. 2012, 17)

## Geerbte Fehler

Anfänge sind Anfänge, ja, aber oft gab es Vorläufer, deren Erbe es der Nachfolgerin schwermachen können. Denn manchmal wird man mit der Übernahme einer neuen Aufgabe an dem Stil gemessen, mit dem die Vorgängerinnen oder Vorgänger diesen Job erledigt hatten. Das muss nicht einmal böser Wille des Umfelds sein, sondern ist vielleicht einfach nur eine bereits vorliegende Gewohnheit. Damit muss man eben rechnen und dann souverän auf eine Stiländerung hinweisen.

So wie auf dem Flur der Institutsleiter die Assistentin eines anderen (!) Kollegen, Frau Dr. Schlenker, im Vorbeigehen bat: »Könnten Sie mir eben die Unterlagen für die nächste Sitzung kopieren?« Frau Dr. Schlenker, ganz neu im Amt, mochte nicht schon in den ersten Tagen Krach mit der Chefetage haben, erledigte das (»war ja auch schnell gemacht«) und ärgerte sich hinterher tagelang, dass sie sich so zur Handlangerin hatte machen lassen.

Dabei hätte es genügt, dem Professor lächelnd das Angebot zu unterbreiten: »Ich kann das gern Ihrer Sekretärin weitergeben.« Als wir die Szene im Seminar nachstellen, ist der Professor von Frau Dr. Schlenker irritiert: »Wieso – das könnten doch Sie schnell machen?« Doch als Frau Schlenker ihm freundlich (nicht demonstrativ verärgert!) sagt: »Das ist Sache Ihrer Sekretärin, die macht das bestimmt«, hat er ganz genau verstanden, was ihm da gesagt wurde, und ist überhaupt nicht böse.

Da hätte Frau Schlenker also die Weiche am Anfang richtig gestellt. Vor allem deshalb, weil sie später heraus-

110

fand, dass alle ihre Vorgängerinnen solche Hilfstätigkeiten ganz selbstverständlich übernommen hatten. Der Professor war das also einfach nur so gewohnt gewesen. Aber gegen eine Korrektur hatte er grundsätzlich nichts einzuwenden.

Gewohnheiten, die von Vorgängerinnen eingeführt wurden, sind die eine Sache. Aber noch viel größere Bedeutung, gerade in den ersten Wochen einer Chefin, kann ein anderer Faktor haben, der leider deshalb oft aus dem Blickfeld gerät, weil die Betreffenden so gar keine offizielle Funktion haben. Es geht um die impliziten Herren des Reviers in Organisationen und Firmen. Sie sind irgendwie selten da, aber wenn es darauf ankommt, haben sie doch eine ganz massive Wirkung. Es sind *implizite* Herren, genaugenommen sind sie nur die Verwalter der Territorien ihrer Organisation. Aber spätestens seit den Karolingern weiß das Abendland, wie mächtig bloße Verwalter am Ende werden können. In unserem Fall handelt es sich um die Hausmeister. Ihr Verhalten ist in der Regel ein deutlicher Indikator für das politische Gewicht einer Frau in Führungsposition. Oft ohne sich dessen bewusst zu sein, geben sie mit ihren territorialtechnischen Zeichen ziemlich genau das wieder, was das vertikale System aktuell von der Neuen hält.

Im Grunde hat es eine nachvollziehbare Logik, wenn sich in einem nicht-horizontalen System diejenigen für besonders wichtig halten, die vergleichsweise geringe Fachkompetenz oder wenig persönliche Lust zu verbaler Distinktion haben, stattdessen aber über die Flächen von hoher machtpolitischer Relevanz bestimmen: Sitzungsräume, Tischanordnungen, Sitzgelegenheiten, Büroflächen, Raumausstattungen.

Es war beispielsweise ein völlig eindeutiges Signal einer Organisation, als einer Professorin in den Berufungsverhandlungen zehn Büroräume für sich und ihre Forschungsgruppe zugesagt worden waren, sie aber dann am ersten Tag im Institut Folgendes vorfand: Von den zehn Räumen standen fünf voller Elektronikschrott und waren nicht benutzbar; in drei Räumen saßen Leute, die nicht zum Institut gehörten, weil niemand ihren Umzug rechtzeitig koordiniert hatte. Allein das Büro der Professorin war vorbereitet. Nur hing an der Tür groß und breit das Namensschild ihres Vorgängers. Alles nur Zufall? Ganz bestimmt nicht.

Die Lösung für diese Lage bestand nicht – wie die Professorin vermutet hatte – im klärenden Gespräch mit den Mitgliedern der seinerzeitigen Berufungskommission und dem Pochen auf das damals erstellte Sitzungsprotokoll. Vielmehr war ein Gang in den Keller des Gebäudes angebracht. Denn dort war das Reich der Hausmeister. Auf dieser Keller-Bühne musste sie dann das volle Repertoire der Rangspiele im vertikalen System auffahren, ein sogenanntes »klärendes Gespräch« hätte ganz sicher nicht ausgereicht: langsames Betreten des Raumes, laute Anerkennung der im Raum vorhandenen Ränge (»Guten Tag, meine Herren! Bin ich hier richtig bei den Chefs der Büroräume?« – *Aber hallo!*), angemessene Berührungen (kräftiger Handschlag bei jedem im Raum), Darstellung des eigenen Rangs (»Ich bin die Professorin für …, mein Name ist N. N.«) und eine klare Ansage: »Wer von Ihnen ist denn für meine

Räume zuständig? … Sie? Aha. Herr …, ich brauche jetzt Ihre Unterstützung, nämlich …«). Und dann wurde es sehr konkret.

Dieses Vorgehen fand die Professorin zuerst etwas beschränkt. Aber als wir es mit mehreren männlichen Sparringspartnern simulierten, stellte sich schnell heraus, dass ihr von den Hausmeistern ausschließlich dann zugehört wurde, wenn sie sich die Mühe dieses vertikalfremdsprachlichen Rituals gemacht hatte. Und das Fazit: Nach ihrer Rückkehr bekam sie ihr eigenes Türschild innerhalb von zwei Tagen. Während andere Kolleginnen monatelang warten mussten.

Kapitel 6

# Der Star im Versteck
oder: Wie sich Frauen vor falscher Demut schützen

# Unangebrachte Bescheidenheit

Meine Klientin Frau Rastow war das, was man im Personalenglisch einen »Over-Achiever« nennt. Was sie machte, machte sie mit vollem Einsatz. Hochintelligent, ein analytischer Kopf, zupackend, strategisch begabt. Sie war körperlich nicht groß, vibrierte aber vor Energie. So jemanden will man in der Firma haben. Warum kam sie überhaupt zu einem Coach? – Weil sie mehr Geld verdienen wollte. Sie erzählte mir, dass sie in einer internationalen Reederei tätig war und in den drei Jahren, die sie in der Firma arbeitete, einen Profit von fünf Millionen Euro eingespielt hatte. Eine atemberaubende Leistung! Zumal in den Geschäftsbereichen ihrer Kollegen die Zahlen im selben Zeitraum deutlich zurückgegangen waren.

Und nun kam Frau Rastow zu mir und fragte, ob ich meinte, dass sie nun, nach drei Jahren Höchstleistung, mit ihren Chefs einmal über das Thema Gehalt sprechen könnte. Ich musste nachfragen: Ob sie denn in diesen Jahren nie darüber geredet hätte? Nein, eine gute Gelegenheit hätte sich einfach nicht ergeben. Aber ihre Vorgesetzten wüssten ja, wie gut sie wäre. Ich fragte nochmals nach: Woher die das wüssten? Hätte sie mit ihnen über ihre Leistung gesprochen? Frau Rastow lächelte. Nein, explizit geredet, das nicht. Aber in jeder schriftlichen Quartalsauswertung könnte man ja sehen, wo die schwarzen Zahlen stünden – nur bei ihr. Bei ihren Kollegen hingegen häuften sich die Verluste. Ich fragte noch einmal: Ob das hieße, dass sie mit ihren Chefs nie ausdrücklich über ihre exzellente Leistung *gesprochen* hätte?

Ja, meinte sie, das wäre so gewesen, aber lesen könnten die ja auch. Da musste ich Frau Rastow enttäuschen. Bei solchen Themen können viele Chefs leider nicht lesen. Und darum musste ich Frau Rastow einen Rat geben, der ihr überhaupt nicht gefiel. Solange sie nämlich nicht in eigener Sache Reklame gemacht hat, und zwar gegenüber ihren direkten Vorgesetzten, ausdrücklich, *mündlich*!, solange hatte es keinen großen Sinn, über mehr Gehalt zu sprechen. Also hieß es jetzt für Frau Rastow, sich in den nächsten sechs Monaten selbst zu rühmen. Danach konnte sie auch über mehr Geld reden. (Objektiv hat sie das mit ihrer Leistung natürlich mehr als verdient.)

Eine Gehaltserhöhung ist bei weiblichen ebenso wie bei männlichen Führungskräften in sehr vielen Fällen keine Frage von objektiver, schweigend zustandekommender Gerechtigkeit, sondern von Aushandeln. Es ist ein selbstverständlicher professioneller Akt. In einem vertikalen Kommunikationssystem gilt es nämlich überhaupt nicht als ehrenrührig, eigene Erfolge deutlich herauszustellen. Das wird geradezu erwartet. Wer das nicht tut, so vermuten viele männliche Chefs, hat wohl auch keinen Grund, sich zu rühmen. Es gilt dabei oft bereits als gewisse Qualifikation, dass man das Thema Geld überhaupt selbstbewusst anspricht. Wer das nie von sich aus tut, bekommt oft nichts, auch wenn es genug Gründe dafür geben würde.

Die angemessene Darstellung der eigenen Leistung ist übrigens nicht in erster Linie eine Sache für offiziell vereinbarte Termine im Sinn von »Wir müssen da mal etwas besprechen«. Viel wirkungsvoller ist es oft, wenn man diese Pflicht der Eigen-PR bei *informellen* Anlässen erledigt – in der Kantine beim Mittagessen, bei einer Fortbildung abends in der Hotellobby. Unhöflich ist das gar nicht. Denn auch so ein Essen oder eine Hotellobby stehen zu jeder Zeit im selben beruflichen Zusammenhang wie ein Büroflur, das sind keine privaten Räume. Dort über die eigenen Großtaten zu sprechen ist überhaupt nicht deplatziert.


## Geld für mich

Es versteht sich von selbst, dass dann die verbreiteten Wir-Botschaften, die in einem horizontalen System so beliebt und dort auch sinnvoll sind, gegenüber einem männlichen Chef besser nicht geäußert werden: »Unser Team« … »wir in der Abteilung« … »unser Einsatz« usw. *Unser*? Wollen Sie eine Lohnerhöhung für alle erreichen? Führen Sie etwa eine Tarifverhandlung für eine ganze Gruppe? So meinen Sie es wahrscheinlich nicht. Und darum reden Sie auch besser nicht von »unser«, sondern von »mein« und sprechen Sie laut und deutlich in der Ich-Form: Es geht jetzt um *meine* Leistung, *meine* Energie, *meinen* Erfolg, *meine* Ideen. Es geht, im Angesicht dieses Chefs, darum, was die Firma gerade von *mir* hat, und darum um *mein* Gehalt. Die Interessenvertretung einer ganzen Gruppe sollten Sie der Gewerkschaft überlassen, die macht das auch ganz gut. Ansonsten erzählen Sie, was »ich durchgesetzt habe«, welchen »Kunden ich gewonnen habe«, welches »Projekt ich gerettet habe«, wie »ich meine Leute motiviere«, »welche neue Strategie ich entwickelt habe«. Ich! Nicht wir. Wenn Sie wieder mit Ihrem Team zusammen sind, können Sie gern den Ich-Modus verlassen und wieder zum Wir-Modus wechseln. Aber unter vier Augen mit demjenigen, der über Geld entscheidet, ist das ganz anders.

Für Menschen aus einem horizontalen System klingt so etwas unangenehm. Dieses Verhalten erscheint manchmal übertrieben, dreist, aufdringlich. Gegenüber einer weiblichen Chefin müsste man auch ganz anders auftreten. Aber die meisten männlichen Chefs finden das völlig in Ordnung. Für sie ist klar: Wer etwas leistet, stellt es auch dar.

Was spricht eigentlich dagegen, in einer Gehaltsverhandlung für sich selbst ein Maximum herauszuholen? Ist das egoistisch? Wir gehen einmal davon aus, dass Sie als Führungskraft tatsächlich etwas erwirtschaften und nicht herumzocken wie Investmentbanker. Dann entspricht Ihrer Arbeit auch ein realer Gegenwert. Und demzufolge hat es gar nichts mit Egoismus zu tun, wenn Sie den korrekten Gegenwert für Ihre Leistung bekommen. (Ob Sie dieses Geld dann jemandem spenden oder es für sich selbst ausgeben, ist immer noch Ihre Sache!) Wie hoch das Äquivalent jedoch tatsächlich ist, was genau Ihre Arbeit für die Firma in Cash bedeutet, können Sie oft gar nicht exakt wissen. Das finden Sie in vielen Fällen erst in einer Versuchsanordnung heraus, die Gehaltsverhandlung heißt.

Gehen wir einmal von der Situation von Frau Hirsching aus, einer Frau um die vierzig, Abteilungsleiterin bei einem Technik-Mittelständler. Schon seit Jahren hat sie das Gefühl, dass sie sich ein Bein für die Firma ausreißt, sie kann auch auf gute Erfolge verweisen, aber niemand honoriert das. Sie verdient aktuell 75 000 Euro im Jahr (75 TE/a) und will das deutlich steigern. Nach der Überwindung anfänglicher Bescheidenheitsreflexe stellt sie sich als maximales Verhandlungsergebnis 120 TE im Jahr vor. Dieses Maximum kann natürlich keine Mondzahl sein, sie hält die Summe für realistisch. Als absolutes Minimum legt sie für sich selbst 84 TE/a fest. Damit geht sie in die Gehaltsverhandlung. Und natürlich steigt sie gleich beim Maximum ein. Herunterhandeln lassen kann sie sich immer noch. Nun können sich drei mögliche Verhandlungsverläufe ergeben:

Wenn Frau Hirsching – um von Anfang an eine gute Stimmung herzustellen – beim Minimum beginnen würde, muss sie damit rechnen, dass ihr vertikales Gegenüber das von ihr höflich eingebrachte Minimum als beinhartes Maximum versteht. Man wird sich hier in den seltensten Fällen von Anfang an auf eine einvernehmliche Lösung hinbewegen, bei der entspannt so etwas wie eine Schenkung stattfindet.

Viele männliche Chefs verstehen die gelassene Entschlossenheit der vor ihnen sitzenden Frau geradezu als Test, dessen Bedeutung weit hinausreicht über die singuläre Gehaltsverhandlung. *Wenn die derart an dem festhält, was sie will, wird sie unsere Firma bei Kunden ebenso entschieden vertreten …*

Es gibt bei Gehaltsverhandlungen mit männlichen Vorgesetzten ein paar einfache Regeln, die man verstanden haben sollte, bevor es konkret losgeht:

# GEHALTSVERHANDLUNG

Ausgangspunkt: z. Zt. 75 TE/a
Minimum: 84 TE/a – Maximum 120 TE/a

START: Vorschlag von 120 TE/a

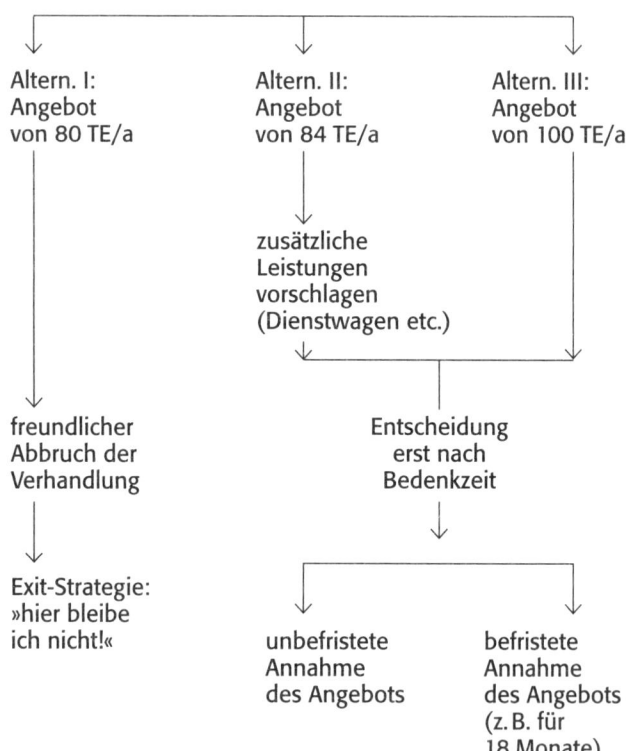

Altern. I:
Angebot
von 80 TE/a

Altern. II:
Angebot
von 84 TE/a

Altern. III:
Angebot
von 100 TE/a

zusätzliche
Leistungen
vorschlagen
(Dienstwagen etc.)

freundlicher
Abbruch der
Verhandlung

Entscheidung
erst nach
Bedenkzeit

Exit-Strategie:
»hier bleibe
ich nicht!«

unbefristete
Annahme
des Angebots

befristete
Annahme
des Angebots
(z. B. für
18 Monate)

1. Das hier ist ein ganz normaler Geschäftsvorgang. Es geht weder um Liebe noch um Therapie. Business as usual!

2. Antworten Sie nie wie aus der Pistole geschossen auf einen Vorschlag oder eine Ablehnung. Lassen Sie Pausen zu. Atmen Sie gut. Fassen Sie sich. Sie haben Zeit!

3. Stellen Sie den eigenen Wert für die Firma anhand konkret durch Sie erzielter Erfolge dar. (Diese sollten Sie sich vorher schriftlich vor Augen geführt haben.)

4. Nennen Sie nicht zu schnell eine konkrete Summe. Sie sollten vorher ein bisschen recherchiert haben über den Gehaltsrahmen vergleichbarer Positionen wie auch über den Gesamtzustand Ihrer Firma. Auf eine Zahl zu reagieren ist leichter, als eine vorzulegen.

5. Wenn es keinerlei Zeichen von Entgegenkommen gibt, sondern rundheraus nur eine Ablehnung, dann bereiten Sie sich innerlich auf Ihren Abgang vor.

6. Stimmen Sie auf gar keinen Fall gleich am Tisch zu oder lehnen Sie dort ab. Nehmen Sie das letzte Angebot der Gegenseite erst einmal »zur Kenntnis«, reagieren Sie später. Bleiben Sie souverän, wahren Sie Ihr Gesicht – auch wenn es in Ihnen kocht.

7. Wenn Ihr finanzielles Minimum erreicht ist, ist die Verhandlung noch nicht zu Ende. Was ist mit Benefits, die auch viel bedeuten? Zum Beispiel ein Dienstwagen, Auslandsaufenthalte, von der Firma bezahlte Fortbildungen (inklusive Reise und Unterkunft), die Übernahme von Coachingkosten? Unterschätzen Sie deren Wert nicht!

8. Wenn Ihr Verhandlungspartner mit seiner Zahl keinen Schritt zurückweicht, dann vereinbaren Sie mit

ihm eine Überprüfung in sechs oder zwölf Monaten. Das wird er wahrscheinlich machen, weil ihn diese Zusage nichts kostet.

Manche weiblichen Führungskräfte führen so etwas wie ein »Leistungstagebuch«, in dem sie am Ende der Woche festhalten, welchen persönlichen Beitrag sie zu diesem oder jenem Projekt geleistet haben. Weil man das nämlich vor lauter betrieblichem Druck sonst bald wieder vergessen hat. Solch eine Leistungs-Dokumentation ist Gold wert bei der Vorbereitung auf eine Verhandlungsrunde.

Dann läuft es vielleicht anders als beispielsweise bei Frau Münch. Sie war alleinige Chefin einer kleinen Politikberatungsfirma geworden, weil ihr ehemaliger Chef das Haus verließ. Die Firma hatte eine Doppelspitze, er war der eine Geschäftsführer gewesen, sie war die andere Spitze. Nun ging also die eine Führungskraft, und Frau Münch, analysefähig wie sie war, schlug ihrem Vorstand vor, die Gunst der Stunde zu nutzen und sich einen der beiden Posten zu sparen. Sie hatte ein Gehalt von 90 000 Euro im Jahr, ihr Kollege hatte ein Gehalt von 120 000 Euro jährlich bekommen (bei gleicher Arbeit!). Natürlich war dieser Vorschlag dem Vorstand äußerst willkommen. Frau Münch hatte auch für sich eine Gehaltserhöhung herausgeschlagen: nämlich sagenhafte fünftausend Euro im Jahr!

Das Ergebnis ihres Vorschlags war also, dass sie die Arbeit ihres Kollegen komplett übernahm, dafür ein Butterbrot von 5000 Euro zusätzlich bekam, und die Firma an Führungsgehältern zukünftig 115 000 Euro einsparte. Für die Firma war dies grandios, für meine Klientin ein gehaltstechnisches Waterloo. Da war eine Manipulationsfalle zugeschnappt, die sie selbst ganz allein für sich aufgestellt hatte! Über die finanzielle Botschaft hinaus hatte sie damit aber auch ein Zeichen an den Vorstand gegeben, das alles andere als produktiv für ihre Karriere war: Sie hatte sich als dienstbarer Geist dargestellt, der im Interesse der Firma bereit war, sich selbst herunterzustufen. Hat man vor so einer Führungskraft Respekt? Viele Männer ganz bestimmt nicht. Meine Klientin konnte nach diesem Fehler finanziell erst einmal nicht mehr nachkarten. Was gerade noch ging, war die Aushandlung von Privilegien, die nicht direkt in Euro anfielen.

Die Neigung zum Herunterspielen der eigenen Leistung wird in horizontalen Systemen schon sehr früh gefördert. Weil viele Frauen diese Form der Kommunikation so selbstverständlich teilen, gehen auch viele fälschlich davon aus, dass sich die gesamte Menschheit so verhalte wie sie. Darum warten so viele weibliche »Superleister« darauf, dass ihre Leistung auch dann erkannt wird, wenn sie nie davon sprechen.

Da es in einem horizontalen System zutiefst geschätzt wird, die eigenen Verdienste gerade nicht herauszustellen, ist es dort auch völlig problemlos, eigene Zweifel an der persönlichen Leistung selbstkritisch auszusprechen (das kann dann mit einer Ermutigung belohnt werden) oder eigene Defizite offen zuzugeben (daraufhin kann man auf die Würdigung eigener Stärken hoffen). Doch wenn man es mit jemandem zu tun hat, der den gesamten kommunikativen Rahmen nicht begreift, in dem man sich gerade bewegt, können alle diese Botschaften ganz unbeabsichtigte Folgen haben.

## Horizontale Reflexe

Horizontale Reflexe können sogar im familiären Mikro-Umfeld zu weitreichenden Konsequenzen führen. So war es jedenfalls bei der Geschichte, die mir Wolfgang, ein breitschultriger Unternehmer, bei einem Dorffest erzählte.

Seine Frau Gabi konnte offenbar wirklich gut kochen. Wolfgang sagte ihr das auch hocherfreut und regelmäßig bei fast jedem Mittagessen. Allerdings hatte Gabi die Angewohnheit, Wolfgangs Anerkennung jedes Mal mit einer Herabstufung ihrer kulinarischen Kunst zu kontern, zum Beispiel: »Mit etwas Knoblauch wäre es bestimmt besser gewesen, aber ich hatte keinen da;« »Das Gratin war zu lange drin, das ist viel zu dunkel geworden;« »Den Pfeffer schmeckt man doch deutlich heraus.«

Was für sie eigentlich nur die rituelle Bitte um Korrektur war (*doch, doch, das schmeckt echt gut*) und der Einstieg in eine intensive Kommunikation voller Zugewandtheit, ging ihrem Mann immer mehr auf die Nerven. Bis er ihr irgendwann ankündigte: »Hör mal, wenn ich dein Essen toll finde, du es aber jedes Mal schlechter machst, als es ist, dann sag' ich jetzt einfach nichts mehr dazu.« Und daran hielt er sich gnadenlos einen ganzen Monat lang. – Mit dem Effekt, dass die Mahlzeiten zum Terror-Termin der ganzen Familie gerieten. Erst als sich herausstellte, dass die Kinder sogar anfingen, das miese Kantinenessen der Schule zu bevorzugen, nur um der schlechten Stimmung daheim zu entgehen, brach der Ehemann sein Umerziehungsprogramm ab. Er fand Gabis Essen seither wieder lauthals gut und korrigierte seine Frau unbeeindruckt, wenn sie es wieder einmal kleinredete. Sie holte nun erst einmal Luft, wenn sie ihren Reflex spürte, dem Lobpreis sofort zu widersprechen. Und die Kinder saßen wieder gern am Tisch.

In diesem Fall haben zwei Vertreter unterschiedlicher Sprachsysteme gerade noch die Kurve bekommen. Sie verbrachten aber auch einen ganzen Lebensalltag gemeinsam, in dem beide viele Gelegenheiten hatten, ihre Schritte aufeinander zu zu machen. So viel Raum und Zeit steht beruflich oft nicht zur Verfügung. Viel öfter geht es dort so zu, dass solche konträre Vertreter schon nach dem ersten Aufeinandertreffen voller Unverständnis oder Empörung wieder auseinandergehen.

So war es einer Klientin ergangen, die sich nach Jahren der Selbständigkeit als Software-Entwicklerin wieder in ein Angestelltenverhältnis begeben wollte. Obwohl sie nur zufriedene Kunden hatte, gelang es ihr bei keiner dieser Firmen, mit ihrem Anliegen einen Fuß in die Tür zu bekommen. Schließlich rief sie mich deprimiert an und erklärte mir, wie sie in diesen Gesprächen mit ausschließlich männlichen Firmeninhabern vorging. Es war ein mittleres Desaster. Sie fing ihre Gespräche mit potentiellen Arbeitgebern immer mit den Ausführungen an, was ihr als Selbständige schwergefallen war: Mit der Buchhaltung war sie nie nachgekommen; die Kunden zahlten schleppend, und sie hatte kaum Rücklagen; ihre

Gesundheit war angeschlagen; sie hatte keine Zeit mehr für Fortbildungen; sie konnte nicht gut verhandeln. Damit wollte sie zukünftig nichts mehr zu tun haben, und darum wollte sie angestellt werden. Wie gut sie fachlich war, wussten die Gesprächspartner ja von der Zusammenarbeit bei zurückliegenden Projekten. Als sie mir in aller Ausführlichkeit geschildert hatte, warum sie ihre Selbständigkeit aufgeben wollte, musste ich ungläubig nachfragen: Ob sie tatsächlich diese ganzen Details in ihren Bewerbungsgesprächen ausgebreitet habe? Als Antwort kam: Ja natürlich, schließlich wolle sie mit diesen Geschäftspartnern enger zusammenarbeiten als bisher, und da sollten sie schon wissen, mit wem sie es zu tun hatten.

Es war offensichtlich: Hier wollte jemand eine Beziehung eingehen. Auf der anderen Seite des Tisches hatten aber immer Leute gesessen, die nicht zuerst in Beziehung, sondern in Leistung und Preis dachten. Und erst irgendwann, jedenfalls viel später, an so etwas wie Beziehung. Mit welcher Formel hatte einmal ein Juniorberater zwei ihm fachlich weit überlegene Frauen zum Verstummen gebracht? »Too much detail.« Das hatten die Firmenchefs bei der Entwicklerin zwar nicht ausgesprochen, aber ganz bestimmt gedacht. Und dann waren es ja auch noch Details gewesen, die wie eine Liste von Inkompetenzen daherkamen! Gerade die ehrlich gemeinten Beziehungsbotschaften über persönlichste Beweggründe hatten in ihrer Detailliertheit (*Damit ihr ganz genau wisst, auf wen ihr euch einlasst!*) auf die Chefs wie ein Torpedo gewirkt, der die eigentlich vorhandene hohe Fachkompetenz der Bewerberin versenkt hatte.

Als ich sie darauf hinwies, dass sie bei diesen Gelegenheiten einen wirtschaftlichen Rahmen mit dem einer Selbsterfahrungsgruppe verwechselt hatte, regte sie sich furchtbar auf. Sie wolle nun mal verstanden werden! Ich antwortete ihr freundlich, dass genau da das Problem lag – denn für die andere Seite war es nur um einen Verkaufsvorgang gegangen. Um darauf einzugehen, wäre es sinnvoller gewesen, davon zu reden, wo mit ihrer Einstellung der Vorteil für die Firma liege, und dann über den Preis zu sprechen. Aber das war dann doch ein Zuviel der Zumutungen, die Klientin legte auf, und das war das Letzte, was ich von ihr gehört habe.

Traurig, aber nicht untypisch. Deborah Tannen bezeichnet die unterschiedlichen Interessen zwischen einem vertikalen und einem horizontalen Besprechungsverhalten als die Differenz zwischen »report« und »rapport«, also zwischen sachlicher Vorteilsabwägung und Beziehungsaufbau. Wenn es eine weibliche Führungskraft erst einmal geschafft hat, überall »rapport« herzustellen, während die Darstellung ihrer eigenen Leistung nicht stattgefunden hat, hat sie in einem vertikalen Umfeld den Abschussknopf für den Torpedo schon selbst gedrückt.

## Optischer Rangverzicht

Der horizontale Reflex, zu einem gleichberechtigten Team gehören zu wollen und sich als Führungskraft dann lieber nicht herauszustellen, hat viele oft ganz unbeabsichtigte Konsequenzen. Eine vielfach unterschätzte besteht für weibliche Führungskräfte auch darin, die optische Wirkung auf offiziellen Firmenfotos nicht richtig einzuschätzen. Man will sich doch nicht peinlich in den Vordergrund drängeln! Aber die Mitarbeiterinnen und Mitarbeiter sehen in der Firmenbroschüre oder auf der Betriebshomepage nur das Foto und kennen seine Vorgeschichte nicht. Und sie machen sich darüber so ihre Gedanken. Ganz sicher viel mehr als die fotografierte Person …

Wie etwa bei Frau Belting. Meine Klientin zeigte mir nur ganz nebenbei ihre Firmenzeitschrift. Eine Seite, auf der auch sie zu erkennen war, fiel mir sofort ins Auge. Auf zwei nebeneinanderstehenden Fotos waren drei Personen zu sehen. Ein Mann – ein Abteilungsleiter – hatte ein ganzes Foto für sich und lächelte die Betrachter leicht an. Auf dem anderen Foto daneben waren zwei aufrecht stehende Personen zu sehen, ein Mann und Frau Belting. Beide standen relativ eng zusammen, beide sahen den Betrachter an. Der Mann lächelte breit in die Kamera und stand ein wenig vor Frau Belting, sie wurde leicht verdeckt von der einen Schulter des Mannes und lächelte etwas verkniffen. Bei diesen beiden handelte es sich um die Geschäftsführung der Firma. Unter beiden Bildern waren die Namen der Beteiligten zu lesen. Der Rest der Seite bestand aus dem Text eines Interviews.

Die Geschäftsführerin Belting war ein echter »Zahlenfresser«, Chefin des Controllings und der Finanzen, während ihr Partner auf dem Foto der Marketing-Chef war. Er war erst vor kurzem in die Firma gekommen,

und ab da gab es laufend Auseinandersetzungen darüber, wer für welche Arbeitsbereiche verantwortlich sei.

Ich fragte sie nach den Details des Fototermins. Sie
war zu dem Shooting direkt aus einer Sitzung gekommen, der nächste Termin stand kurz bevor. Ein hastiger
Blick in den Spiegel, die zerzausten Haare schnell mit
den Fingern gerichtet, und schon ging das Fotografieren
los. Ihr Kollege Geschäftsführer ging ihr damit auf die
Nerven, dass er sich mal hier und mal da hinstellte, immer mit »einem debilen Grinsen im Gesicht«, aber zum
Glück war nach einer Viertelstunde alles vorbei, und sie
konnte endlich wieder etwas Sinnvolles arbeiten. Auf
dem Neujahrsempfang der Firma, der kurz darauf stattfand, wurde sie zu ihrer grenzenlosen Überraschung
von vielen Mitarbeitern auf genau dieses unwichtige
Foto angesprochen, mit einem Unterton, der sie irgendwie unsicher machte. Hatte sie etwas übersehen? Ganz
bestimmt!

Zunächst einmal hatte sie nicht verstanden, dass ein
solcher Fototermin eine ebenso professionell zu hand-
habende Angelegenheit ist wie eine Bilanzbesprechung.
Wenn man diesen Vorgang als etwas völlig Nebensäch-
liches abtut, was man nur schnell hinter sich bringen
will, hat man einen Teil der eigenen professionellen
Aufgabe nicht verstanden. Ihr Kollege, der ihr bezeichnenderweise im tatsächlichen Job-Alltag ihren Rang
streitig machte, hatte das offensichtlich viel besser begriffen. Ihm war wahrscheinlich klar, dass es bei diesem
Foto um eine strategische Botschaft an den Rest des Betriebs ging, und darum war er auch so bemüht, sich
ins rechte Licht zu setzen. Allein die Anordnung, die

ihn im Bildvordergrund positionierte und sie zum Teil verdeckte, war ein visuelles Rang-Statement. Auf genau diese unausgesprochene Botschaft hatten die Mitarbeiter reagiert. Niemand wollte etwas dazu sagen, ob Frau Beltings Gesicht oder Figur vorteilhaft dargestellt waren (so hatte sie es irrtümlich verstanden), sondern eigentlich stand dahinter die Besorgnis der Belegschaft, ob die zwei Geschäftsführer tatsächlich noch gleichberechtigt waren? War Frau Belting schon auf dem Rückzug? Hatte sich der Typ schon durchgesetzt und Frau Belting gab klein bei?

Und was hatte es zu bedeuten, wenn sich die zwei Geschäftsführer zu zweit auf einem Bild drängelten, während ein Abteilungsleiter ganz allein Platz auf einem ebenso großen Foto bekam? Erst bei meiner Frage fiel Frau Belting ein, dass sie tatsächlich beim Neujahrsempfang mehrere Bemerkungen gehört hatte, in denen dieser Abteilungsleiter als neuer »shooting star« der Firma gehandelt wurde. Das hatte sie erst einmal nur absurd gefunden. Jetzt dämmerte ihr etwas. Nun wurde ihr auch klar, dass es in Wahrheit keine kollegiale Geste ihres Geschäftsführer-Kollegen gewesen war, als er ihr angeboten hatte, dass die endgültige Bildauswahl für die Firmenzeitschrift von *seiner* Assistentin übernommen werden könnte. Nein, nicht um Kollegialität war es dabei gegangen, sondern um eine Manipulationsfalle, in die sie bereitwillig hineingetappt war.

Die Regeln für die angemessene Inszenierung einer Führungskraft in publizierten Bildern, egal, ob weiblich oder männlich, sind eigentlich nicht so schwer:

132

- Zunächst sollte man vor einem Fototermin daran denken, wer das Foto später sehen wird und welche Botschaft man diesen Betrachtern geben will. Schon diese Vorüberlegung hat Auswirkungen auf die Wahl des Outfits und die Körperhaltung. Es ist zwar manchmal ein etwas merkwürdiges Gefühl, nicht einen Menschen, sondern eine Kamera anzulächeln, aber da muss man durch. Und lassen Sie Vorsicht walten bei Fotos unter Zeitdruck! Sie geben selten das wieder, was beabsichtigt war. Stattdessen entsteht oft der Eindruck von unprofessioneller Hast und Vernachlässigung. Für solch einen Fototermin muss man sich Zeit nehmen! Gerade in Zeiten des Internets verbreiten sich ungünstige Fotos viel schneller, als man glaubt.

- Die Fotografin oder der Fotograf muss wissen, was die Bildaussage sein soll. Er oder sie muss aktiv eingreifen, wenn eine Bluse zu weit aufsteht oder es am Gesäß zu sehr spannt. Dazu muss man diese Profis, weil sie gerade gegenüber Chefinnen und Chefs zurückhaltend sind, ausdrücklich ermutigen!

- Wenn mehrere Personen auf dem Foto zu sehen sind, sollte man sich schon vorher darüber im Klaren sein, wo bzw. neben wem man in welcher Haltung stehen will. Bloß nicht einem Gruppendruck à la »Geht das nicht schneller?« erliegen und hinterher wie ein untergeordneter Azubi aussehen! Die Chefin bzw. der Chef darf auf dem Bild auch wirklich wie die Chefin oder der Chef wirken! Optische Zurückhaltung ist dabei genau die falsche Botschaft. Im allerschlimmsten Fall muss man bereit sein, einen Fototermin platzen zu lassen, wenn man nicht in dem Rahmen fotografiert wird, der zur eigenen Position passt.

- Und zu guter Letzt: Die Bildauswahl kann nicht Sache von irgendjemandem sein, der nicht in Ihrem Interesse handelt. Die Chefin gibt Fotos von sich persönlich frei. Ganz bestimmt kann sie das nicht einem Kollegen überlassen, der sich als Gegner entpuppen könnte.

Denken Sie nicht, das sei alles eitel! Nein, persönlich eitel kaum, wohl aber so politisch wie am Hof Ludwig XIV. Der verstand sogar die Optik von Gartenanlagen, die schöner waren als seine eigenen, als Angriff auf seine Position …

## Das Krönchen-Syndrom

Wenn ich in meinen Seminaren auf besonders großes Unverständnis darüber stoße, dass Frauen wahrscheinlich nur dann Karriere machen, wenn sie auch selbst ihre Leistung darstellen, gehe ich manchmal zur ersten Sitzreihe, fixiere freundlich eine Teilnehmerin und stelle einen Stuhl in ein paar Metern Abstand vor sie in den Raum. Dann gehe ich zu ihr, schaue sie an und sage: »*Sagen Sie nichts.* Ich weiß, der Reichtum Ihrer Persönlichkeit stellt alles in den Schatten. Ihre Bildung, Ihre Aufmerksamkeit, Ihr Durchhaltevermögen – unglaublich. Immer sind Sie freundlich, und wie gründlich Sie nachdenken! – *sagen Sie nichts* … Und die Projekte, die Sie schon erfolgreich abgeschlossen haben! Sogar dieses ganz schwierige Team da, unglaublich, wie Sie das … *Sagen Sie nichts!* Und wie Sie diesen Großkunden behandelt haben! So viel Fingerspitzengefühl und gleichzeitig so viel Entschlossenheit! *Sagen Sie nichts!* Und wie schnell Sie Mandarin gelernt haben, als wir Sie so kurzfristig nach China … – *nichts sagen!* Das brauchen Sie nicht! Ihr Kostenbewusstsein ist ja schon legendär in Ihrer Abteilung und Ihre Verkaufserfolge – unglaublich. *Sagen Sie nichts …* Und jetzt hier« – dann gehe ich zu dem Stuhl – »hier habe ich schon einen Thron ganz allein für Sie vorbereitet. *Sagen Sie nichts!* Den Thron Ihres Karriereerfolgs, auf diesem Thron müssen Sie nur noch Platz nehmen. Der ist für Sie seit langem vorbereitet, und Sie können nun schweigend darauf Platz nehmen. Ist das nicht schön? Ohne je etwas über sich selbst gesagt zu haben?«

Das ist dann der Punkt, an dem die meisten im Raum lächelnd zustimmen. Ja, das ist tatsächlich schön! Da wird eine Prinzessin gekrönt, die lange darauf gewartet hat, dass sie ihr Krönchen bekommt. Das steht ihr auch zu. Nur über den Anspruch auf den Thron hat sie eben nie reden wollen. Alle wussten doch, dass sie eigentlich eine Prinzessin ist.

Aber dann muss ich die Versammlung enttäuschen. Denn ich stelle einfach fest, dass solch ein Vorgang – dass die Karriere von einem männlichen Chef bereitwillig gekrönt wird – eindeutig in den Bereich von Sagen und Märchen gehört und nicht in den der irdischen Berufswelt. Die Wahrheit ist leider, dass die schweigend wartenden Prinzessinnen selten die Krone bekommen. Ein Chef, der nur darauf wartet, Kronen verleihen zu können, ist auch nicht da. Niemand hat die Leistung der Betreffenden über lange Zeit hin genau verfolgt und wird sie aus eigenem Antrieb würdigen. Es sei denn, die Prinzessin wird laut, stellt sich selbst dar und weist selbst auf die ihr zustehende Krone hin. Das ist noch keine Garantie, dass sie sie auch bekommt. Aber es ist deutlich wahrscheinlicher als mit der Haltung schweigender Höchstleistung.

Kapitel 7

## Der Diensteifer am PC
oder: Wie man sich mit E-Mails zur
Hilfskraft macht

## Spiel mit Nähe und Distanz

Die eigene Leistung setzt man gegenüber einem vertikalen System nicht nur dadurch herab, dass man sich permanent wie ein Riesentalent verhält, das schweigend und geduldig auf den Talentscout wartet, der es dann zufällig entdeckt. Man kann das auch allein dadurch tun, dass man einen egalisierenden Kommunikationsstil beibehält, den man als Mitarbeiterin im Team gewohnt war. Das gilt vor allem für den internen wie externen E-Mail-Verkehr. Virtuelle Kommunikation ist nicht grundsätzlich frei von Status-Aussagen. Sie werden nur kaum reflektiert. Wie im folgenden Beispiel.

Die Mail kam von der neuen Abteilungsleiterin eines Konzerns, Frau Langer. Der Wortlaut wurde mir etwas ratlos von ihrem Vorgesetzten gezeigt. Die Mail begann mit den Worten »Hallo Herr Czerny« und endete mit »Liebe Grüße«. Herr Czerny hatte sich stark dafür eingesetzt, dass Frau Langer in diese Position gelangte, weil er von ihrer Kompetenz überzeugt war. Sie kam aus einer Forschungseinrichtung und wechselte nun als Quereinsteigerin in diese große Firma. Es war die erste Mail, die Herr Czerny von Frau Langer sah, und nun kamen ihm auf einmal Zweifel an ihr. Hatte diese Frau überhaupt verstanden, welche Rolle sie nun innehatte?

Warum hatte er gerade jetzt solche Bedenken? Ein plötzlicher Leistungsausfall von Frau Langer hatte nicht stattgefunden. Das nicht, aber so, wie sie ihre Mail schrieb, wirkte sie wie eine Studentin, die überhaupt kein Gespür für berufliche Formalität hat. Vielleicht war es auch eine Altersfrage, denn Herr Czerny war um die fünfzig, Frau Langer knapp dreißig. Herr Czerny empfand es als Distanzlosigkeit, wenn ihn eine Mitarbeiterin im beruflichen Kontext mit dem formlosen »Hallo« anspringt. Und erst recht wollte er nicht mit »lieben« Grüßen verabschiedet werden, denn er war kein Verwandter von Frau Langer, weder ein Onkel noch ein Cousin, und ein persönlicher Freund auch nicht. Was Herrn Czerny aber noch viel mehr beschäftigte, war die Frage, wie ihr Ton auf die Mitarbeiterinnen und Mitarbeiter von Frau Langer wirkte. Wenn sie ihren Job mit so wenig Distanz anfing, wie sollte sie da als Vorgesetzte akzeptiert werden?

Die Wortwahl Frau Langers kann durchaus ein Indiz für eine Rollenunsicherheit, im schlimmsten Fall für eine Rollenblindheit sein. Wer so redet, will irgendwie dazugehören und Formalia nicht beachten müssen, vielleicht findet sie/er solche Formalia sogar grundsätzlich überflüssig. Tatsächlich wirkt aber An- und Abspann der Mail zumindest bei vielen Männern als Selbstherabstufung der Absenderin. Mit der »Hallo«-Anrede und dem »lieben« Schlussgruß stellt man sich als jemand dar, der gern in einer egalitären Gruppe dabei sein will, aber ganz bestimmt nicht als jemand, der Respekt einfordert und im Ernstfall auch professionell und legitim Anweisungen erteilt.

Mit solchen Anreden und Grüßen macht es sich hier eine weibliche Führungskraft unnötig schwer. Es war offensichtlich, dass Frau Langer den Wechsel ihrer Welten noch nicht wirklich vollzogen hatte. In vielen Forschungseinrichtungen, in denen man sich angelsächsischen Sprachgewohnheiten angepasst hat, duzt man sich ziemlich selbstverständlich, und formlose Anreden sind an der Tagesordnung. Schon in diesem Kontext müssen aber gerade Kolleginnen und Chefinnen aufpassen, dass vor lauter Team-Idealisierung nicht ihr beruflicher Rang erodiert. Nun hat Frau Langer den Forschungsbereich aber definitiv verlassen, ja sie hat sogar eine für alle sichtbare Führungsfunktion übernommen. Dem muss sie nun auch sprachlich Rechnung tragen. Also sollte sie nicht nur zumindest am Anfang sehr vorsichtig damit sein, wie sie mit dem Du umgeht (nämlich im Zweifelsfall beim Sie bleiben), sondern auch schriftlich so neutral-distanzierende Formeln einsetzen wie »Sehr geehrte(r) Frau/Herr«. Das ist in den meisten großen Organisationen alles andere als überflüssig und im direkten Kontakt mit Außenstehenden, also etwa persönlich unbekannten Kunden, sowieso. Und am Schluss der Mail wird sie einem rituellen »Mit freundlichen Grüßen« wohl nicht entkommen können.

In einem horizontalen Kommunikationssystem wird großer Wert auf Übereinstimmung und auf Botschaften der Zusammengehörigkeit gelegt. Weil das so ist, steigt für viele weibliche Führungskräfte auch die Versuchung, egalisierende Formeln in Mails und Briefen einzusetzen. Nähe scheint wichtiger zu sein als Distanz, Hauptsache, die Atmosphäre ist entspannt, und alle fühlen sich wohl! Gegenüber Vertretern eines vertikalen Systems bewirken solche Ansprachen aber oft etwas ganz anderes, als beabsichtigt war: Sie setzen das Machtgewicht derjenigen herab, die womöglich nur freundlich sein wollte. Der Rückgriff auf leicht reservierte Formeln ist in diesem Kontext eine enorme Erleichterung und erspart Missverständnisse. Denn tatsächlich privat ist hier viel weniger, als man glauben möchte.

Natürlich kommen solche nicht-formellen Anreden aus der virtuellen Kommunikation, die sich in vielen sozialen Netzwerken verbreitet hat. Da wird hemmungslos geduzt, da lässt man alle Formalitäten weg, es geht alles ganz schnell und Anreden werden weggetwittert. Aber als Führungskraft sollte man nicht so naiv sein, diesen Gestus unbedacht in eine berufliche Kommunikation zu übertragen. Es hat sich ja auch langsam herumgesprochen, dass die persönlichsten Fotos von der entgleisten Abi-Feier besser nicht allen Unbekannten zugänglich gemacht werden sollten. Auch in schriftlichen Äußerungen sollten Führungskräfte auf einen Abstand gehen, der ihnen alle Optionen offenlässt.

## Nicht privat: Was weder in Mails noch im Brief stehen sollte

| | |
|---|---|
| *Hallo Herr Müller / Hallo Frau Müller Hallo Dr. Müller* | Etwas distanzlos. »Dr. Müller« ist übrigens genauso wenig eine korrekte Anrede wie ein bloßes »Müller« (da fehlt nämlich ein »Herr« oder »Frau«); zusammen mit dem beschränkten Hallo wird eine doppelte Respektlosigkeit daraus. |
| *Lieber Herr Müller / Liebe Frau Müller Lieber Dr. Müller* | So viel Nähe ist zumindest beim Erstkontakt völlig unangebracht, es sei denn, es geht wirklich um den Ausdruck persönlicher Zugewandtheit (und beim Dr. fehlt ebenso das »Herr« bzw. die »Frau«). |

| | |
|---|---|
| *Herr Müller*<br>*Frau Müller*<br>*(ohne jedes weitere Wort)* | Wenn der Ton absichtlich kühl sein soll und an der Grenze zum Unhöflichen, ist das o. k.; falls das aber nicht beabsichtig ist, ist die Anrede unvollständig. |
| *Sehr geehrter Dr. Müller*<br>*Sehr geehrte Dr. Müller* | Fast gut, aber das »Herr« bzw. das »Frau« fehlt immer noch. |
| *Tschüssi / Ciao* | Nach dem Motto: Hey und jetzt gehen wir noch einen trinken; wenn nicht: Vergessen Sie's! Im Beruf treffen sich nicht nur Kumpels. |
| *Mit herzlichen Grüßen /*<br>*Herzlich* | Nur dann, wenn man absichtlich ein emotionales Zeichen geben will. |
| *Machen Sie's gut* | Ja, aber nur, wenn Sie befreundet sind! |
| *Ihnen wünsche ich beruflich und privat alles Gute* | Was sollen solche Wünsche am Ende einer Geschäftsmail? Merken Sie nicht, wie gönnerhaft Sie gerade werden? |
| *Liebe Grüße / LG / MfG* | »Liebe Grüße« als Verabschiedung sind bei Leuten angebracht, die man gut kennt. Im Geschäftskontext sicher nicht. Flapsiger als mit der Abkürzung »LG« oder »MfG« geht es dann schon nicht mehr. Bei einer SMS vielleicht noch erträglich – bei der Mail nicht. |

## Rangbotschaften bei E-Mails

Es versteht sich von selbst, dass man eingehende Mails bei einer kollegialen Zusammenarbeit umgehend beantworten sollte. Aber wenn es keine echte Zusammenarbeit gibt, sondern nur laufend Machtspiele stattfinden? Dann gelten andere Regeln.

Zuallererst zu klären ist die Frage, wann der richtige Zeitpunkt für eine Antwort ist. Welches Signal geben Sie, wenn Sie immer jedem sofort antworten? Dass Sie dienstbereit sein wollen. In einem guten Arbeitsumfeld ist das gerade noch in Ordnung. Aber wenn Ihre fachliche oder hierarchische Autorität angegriffen wird? Dann sollte Schluss sein mit der Servicebereitschaft! Und darum kann man eine Mail auch eine Zeitlang liegenlassen. Von einem Sofortigkeitsanspruch muss man sich überhaupt nicht unter Druck setzen lassen. Manchmal kann es sogar im Sinn einer persönlichen Rangstärkung sein, längere Zeit und ganz bewusst nicht zu antworten. Auf manche Mails muss man überhaupt *nie* antworten!

Eine solche strategische Verzögerung bewahrt auch vor einer Versuchung, die typisch ist für die Kommunikationsdichte in horizontalen Systemen, nämlich der, mehr zu sagen, als man eigentlich vorhatte. Man will ja nur gute Gefühle herstellen, also schreibt man eben noch einen freundlichen Satz mehr. Und noch einen. Und, weil es sonst unvollständig wäre, noch einen. Wenn Sie diesen Reflex bei sich kennen: Vorsicht! Am Ende ist die Antwort der Chefin schlimmstenfalls so ausführlich geworden, dass allein die Länge der Antwort einem männlichen Mitarbeiter das Gefühl von Überlegenheit gibt: *Süß, wie viel Mühe sich die Chefin macht, wenn ich was von ihr will!* – Also lieber nicht gleich antworten.

Im Übrigen steht nirgendwo geschrieben, dass man auf dem Spielfeld jede Vorlage annehmen *muss*. »Können Sie das mal detailliert darstellen?« – »Nein.« (Ohne Begründung!) Oder: »Jetzt nicht.« (Ohne Begründung!) oder: »Nicht nötig.« (Ohne …) Auch in E-Mails können absichtlich kurze Antworten ein angemessener Ausdruck von Ranghöhe sein.

Ein Klassiker, der in vertikalen Systemen sehr gern

angewandt wird und dessen abstandhaltende Power natürlich auch Frauen einsetzen können, ist: eine Mail gar nicht selbst zu beantworten, sondern sie von einem Mitarbeiter oder der Sekretärin beantworten zu lassen. »Frau Dr. Müller hat mich gebeten, Ihre Mail an Sie zu bearbeiten …«, oder noch deutlicher: »Ich darf Ihnen im Auftrag von Frau Dr. Müller mitteilen, dass …« Der angesprochene Kollege wird sofort verstehen, dass die Chefin gerade Besseres zu tun hat, als sich mit ihm zu beschäftigen. Und mit verzichtbaren Kleinigkeiten wird er sie wahrscheinlich auch nicht mehr ohne weiteres belästigen.

Einmal abgesehen von der Anrede, vom Zeitpunkt der Antwort und vom Umfang, sind noch zwei Größen für angemessene Selbstrepräsentanz im E-Mail-Verkehr relevant: der Hinweis auf »cc«, also darauf, wer die Mail noch zu sehen bekommt, und der Absender.

Fangen wir mit dem Einfacheren an, den Absenderangaben. Entgegen einem verbreiteten horizontalen Reflex sollte man diese wenigen Zeilen am Ende der Mail sehr ernst nehmen. Genauso wenig wie auf einer Visitenkarte sollte bei der Signatur der Mail auf keinen Fall allein ein Privatname stehen. Und auch nicht eine Firmenbezeichnung mit allen firmenrechtlichen Details – aber mit keinem Wort zur Funktion der Absenderin. Die Aufgabenbezeichnung jedoch ist es, die darüber entscheidet, ob ein vertikal kommunizierender Mail-Partner einen ernst nimmt! Falls es nicht firmenintern ausdrücklich anders geregelt ist, muss dort auch der akademische Grad explizit vorkommen. Innerhalb der Wissenschaftsszene mag man die Nennung des »Dr.« oder des »Prof.«

für überflüssig halten, in der freien Wirtschaft ist dieser Verzicht im Mailverkehr mit anderen aber ziemlich naiv.

Vorsicht übrigens auch mit dem automatischen Verwenden der »Antwort-Funktion«. Denn dann stehen unter dem Text, mit dem man antwortet, keinerlei rangrelevante Daten mehr. Diesbezüglich sollte man sich schon die Mühe machen, die Signatur-Angaben auch unter seinen Antworttext zu kopieren. Überflüssig ist das nicht.

## Das virtuelle Fegefeuer

Die »cc«-Funktion in Mails ist eine Angelegenheit von größter Bedeutung. Mit ihr entscheidet der Absender, wie öffentlich das Thema der Mail wird. Auf diese Weise kann eine ursprünglich kleine Frage oder ein an sich unbedeutendes Missverständnis zu einem skandalösen Vorgang werden, der eine ganze Organisation erschüttert und die eigene berufliche Situation beschädigt. Intrigante Mitarbeiter (und Mitarbeiterinnen) versuchen immer wieder, unter dem Vorwand, das behandelte Thema sei für viele Leute interessant, Vorgesetzte unter Druck zu setzen. Einfach dadurch, dass sie so viele Kollegen wie möglich auf »cc« setzen. Einmal abgesehen davon, dass die Häufung überflüssiger »cc«-Mails die Arbeitsweise von Führungskräften extrem behindern kann, sollten Sie schon aus machtpolitischen Gründen sehr wachsam sein, wenn ein Mitarbeiter eine Meinungsverschiedenheit zwischen der Chefin und ihm selbst ohne Absprache

# Herstellung von Ranggefälle bei Mails

**Mail des Mitarbeiters an seine Chefin:**

Hallo,
können Sie das mal kurz durchlesen und mir sagen, was Sie davon halten?
MfG

Müller                                   (im Anhang ein pdf mit 12 Seiten)

**Antwort der Chefin (nach 20 Minuten) an ihren Mitarbeiter:**


Hallo,
danke für die Unterlagen. Es war ja ziemlich umfangreich. Aber mir ist dabei
Folgendes aufgefallen: Erstens beziehen sich sämtliche Kriterien ausschließlich auf Verwaltungsvorschriften für den Export, nicht für den Import, und
zwar auch nur dann, wenn usw. usw. usw. usw. usw. usw. usw. usw. usw. usw.
usw. usw. usw. usw. usw. usw. usw. usw. usw. usw. usw. usw. usw. usw. usw.
usw. usw. usw. usw. usw. usw. usw. usw. usw. usw. usw. usw. usw. usw. usw.
usw. usw. usw. usw. usw. usw. usw. usw. usw. usw. usw. usw. usw. usw. usw.
usw. usw. usw. usw. usw. usw. usw. usw. usw.

usw. usw. usw. usw. usw. usw. usw. usw. usw. usw. usw. usw. usw. usw. usw.
usw. usw. usw. usw. usw. usw. usw. usw. usw. usw. usw. usw. usw. usw. usw.
usw. usw. usw. usw. usw. usw. usw. usw. usw. usw. usw. usw. usw. usw. usw.
usw. usw. usw. usw. usw. usw. usw. usw. usw. usw. usw. usw. usw. usw. usw.
usw. usw. usw. usw. usw. usw. usw. usw. usw. usw. usw. usw. usw. usw. usw.
usw. usw. usw. usw. usw.

usw. usw. usw. usw. usw. usw. usw. usw. usw. usw. usw. usw. usw. usw. usw.
usw. usw. usw. usw. usw. usw. usw. usw. usw. usw. usw. usw. usw. usw. usw.
usw. usw. usw. usw. usw. usw. usw. usw. usw. usw. usw. usw. usw. usw. usw.
usw. usw. usw. usw. usw. usw. usw. usw. usw. usw. usw. usw. usw. usw. usw.
usw. usw. usw. usw. usw. usw. usw. usw. usw. usw. usw. usw. usw. usw. usw.
usw. usw. usw. usw. usw.

Darum hat das, wie ich das sehe, für unser aktuelles Projekt gar keine große
Bedeutung, es sei denn, es gäbe da noch ein paar Aspekte, die jetzt noch
nicht …

Freundliche Grüße

Eleonore Service-Maier

**Und jetzt raten Sie mal, was diese Antwort für den Mitarbeiter bedeutet** …

per »cc« im ganzen Haus versendet. Das hat in der Regel keine sachlichen Gründe, es ist ziemlich sicher auch kein Versehen, sondern ein struktureller Angriff.

Dazu ein Beispiel: In einem Konzern war eine Abteilungsleiterin von einem Mitarbeiter aus einer anderen Abteilung vor Zeugen und in Anwesenheit ihres Mitarbeiters in übelster Weise verunglimpft worden. Natürlich hatte das Ganze eine lange Vorgeschichte, aber mit den persönlich beleidigenden Vokabeln, die dieser abteilungsfremde Mitarbeiter verwendet hatte, war eindeutig eine Grenze überschritten. Die Abteilungsleiterin verlangte von dem Mitarbeiter eine Entschuldigung. Die Mail, in der sie das einforderte, schrieb sie nur dem Mitarbeiter. Der antwortete, indem er in indirekter Rede minutiös alle Vorwürfe aufführte, die er dann ausdrücklich abstritt. Es war offensichtlich, dass die Abteilungsleiterin hier auf bösartige Weise angegriffen werden sollte, denn in seiner Antwort setzte der betreffende Mitarbeiter eine enorme Anzahl von Kollegen auf »cc«.

Was bis dahin ein zwar mieser, aber begrenzter Konflikt gewesen war, eskalierte zu einem Krieg, in dem alle ausgesprochenen Beleidigungen nun im ganzen Haus verbreitet wurden. Natürlich war das Verhalten dieses Mitarbeiters nur möglich, weil sein direkter Vorgesetzter die »cc«-Aktion schweigend zuließ. Es dauerte über ein Jahr, bis dieser Konflikt einigermaßen überstanden war. Am Ende verließ die gesamte Abteilung der Managerin das Hauptgebäude und zog in eine Dependance des Konzerns.

So viel zu der gruppenpsychologischen Wucht, die ein »cc« im Konflikt bedeuten kann. Eine Chefin sollte darum (ebenso wie ein Chef) möglichst früh eindeutige Regeln dafür aufstellen, wann und in welchem Umfang sie in ihrem Arbeitsbereich etwas für »cc«-würdig hält. Es handelt sich nicht um etwas, was jede Mitarbeiterin, jeder Mitarbeiter immer nach persönlichem Gusto einsetzen kann. Diese Regeln sollten ausführlich genug besprochen werden und überall bekannt sein. Im Zweifelsfall empfiehlt sich die Regelung, dass Konflikte zwischen zwei Personen immer zuerst im direkten, persönlichen Gespräch auf den Tisch müssen – nicht in der virtuellen Form, bei der die Hemmschwelle zur Eskalation viel zu niedrig liegt. Wenn sich Mitarbeiter nicht daran halten, kann das dieselbe Relevanz wie ein Hackerangriff haben oder die Weitergabe vertraulicher Informationen an eine konkurrierende Firma.

Ich höre von Klientinnen immer wieder die scherzhaft gemeinte Bemerkung, dass sie als Frauen ja multitasking-fähig seien, während das Männern bekanntlich schwerfalle. Wenn ich nachfrage, wie sie darauf kämen, wissen sie meist keine konkrete Antwort. Tatsächlich handelt es sich nur um ein zwar verbreitetes, aber völlig haltloses Gerücht. Denn inzwischen liegt eine hohe Zahl empirischer Belege dafür vor, dass Menschen von Multitasking grundsätzlich überfordert sind. Und zwar Menschen beider Geschlechter!

Das Design von Arbeitsplätzen, von Kommunikationstechnologie, ja sogar von bewusst installierten Arbeitsabläufen scheint demgegenüber Multitasking-Fähigkeiten geradezu vorauszusetzen. In meinem Buch »Die Königsstrategie« habe ich mich ausführlich damit auseinandergesetzt, darum hier nur einige kurze Bemerkungen zu diesem Problem.

Inzwischen entscheidet sich die Frage, wie viel Steuerungskompetenz eine Führungskraft tatsächlich hat, auch daran, ob sie sich aus dem Bombardement aus Mails, Anrufen, SMS, Tweets oder Mitteilungen auf virtuellen Boards noch regelmäßig herausziehen kann oder ob sie sich diesem Sog restlos unterworfen hat.

Die kalifornische Informatikerin Gloria Mark hat 2012 bei Mitarbeiterinnen/Mitarbeitern vor dem PC Messgeräte für den Herzrhythmus angeschlossen, während Sensoren aufzeichneten, wie oft auf dem Bildschirm von einem geöffneten Fenster zum nächsten gewechselt wurde. Das Ergebnis war völlig eindeutig: Menschen, die permanent mit E-Mails zu tun hatten, befanden sich physiologisch in einem ununterbrochenen AlarmZustand mit deutlich erhöhter Herzfrequenz. Wer sich danach fünf Tage lang um keinerlei E-Mails kümmerte, bekam seinen normalen Herzrhythmus zurück. Ergänzend zu Untersuchungen über krankmachende Effekte durch Kapitulation vor E-Mails häufen sich die Nachweise, dass es parallel zu einer deutlichen Abnahme der Arbeitsproduktivität kommt. Berühmt geworden ist der Nachweis englischer Wissenschaftler, dass sogar Mitarbeiter unter Marihuana-Einfluss viel produktiver sind als andere, die kein Gras bekommen hatten, aber zwischenzeitlich E-Mails beantworten mussten (siehe »Die Königsstrategie«).

Dass Multitasking die meisten Menschen überfordert, ist eine Tatsache, deren Eingeständnis im Ernst niemand von den Produzenten der jeweiligen Technologie oder

Software erwarten darf. Aber Führungskräfte sollten das in Rechnung stellen, allein aus Gründen der tatsächlichen Effizienz. Auch wenn eine Menge Leute angesagtem Design, immer neuen technologisch verfügbaren Funktionen und stetig ansteigendem Reaktionsdruck aus sozialen Netzwerken auf den Leim gehen – Führungskräfte sollten das nicht. Weil sie dadurch in eine Defensive geraten, die ihre eigentliche Aufgabe gefährdet. Natürlich kann man sehr vieles gleichzeitig tun. Aber nur, wenn die Aufmerksamkeit für jede einzelne Tätigkeit abnehmen darf und wenn es nicht wirklich auf die Vermeidung von Fehlern ankommt. Diese Haltung können sich jedoch gerade Chefinnen in der Regel nicht leisten. Am Ende scheiden sich genau hier die Geister: Ist man noch eine Hilfskraft, die sich von diesen Werkzeugen das strategische Denken pausenlos durchkreuzen lässt – oder ist man in einer Führungsrolle, in der man Dinge noch zu Ende denkt und darum absichtlich nicht ans Handy geht oder sich aus dem virtuellen Fegefeuer rituell ausklinkt?

Kapitel 8

# Die Organisation der Vampire
oder: Wenn sich Strukturen gegen die Chefin wenden

# Ein System in Schieflage

Es gibt Gegenden auf diesem Planeten, in denen ist Leben nur möglich, wenn ein sehr hoher Preis dafür gezahlt wird. In einem sauerstoffarmen Milieu kann man nur mit größtem technischen Aufwand atmen. Da, wo der Platz existentiell zu klein ist, handelt es sich, das muss man sich irgendwann eingestehen, um nichts anderes als ein Gefängnis. Auch das kann man überleben, aber nur mit extremem inneren Aufwand. Manchmal mit bleibenden Schäden.

Es gibt Firmenorganisationen, die eine Schieflage haben, für die man persönlich überhaupt nichts kann. Das ist vielleicht schon lange so. Vielleicht ist dafür das Gehalt mehr als in Ordnung, vielleicht gibt es sogar eine Menge sonstiger Annehmlichkeiten. Die Kollegen wissen um die Schieflage, stellen sie aber als Selbstverständlichkeit dar, mit der man sich eben arrangieren müsse – das sei doch nicht schwer, sie machten es ja auch. Aber meistens ist für eine sinnvolle Arbeitsleistung in solchen Betrieben eine ungeheure Anstrengung nötig. Umständliche Wege, zermürbende Vorgänge, energieschluckende Sitzungen. Entscheidungskriterien sind undurchschaubar, oft scheinen sie willkürlich oder die Sache von launischen Chefs zu sein. Man bekommt immer wieder Geschichten über Mobbing von oben nach unten zu hören. Oft verweisen die Kollegen mit einem gewissen Stolz darauf, wie lange sie es unter solchen Bedingungen schon aushalten. Es ist die Sorte Stolz von Veteranen, die ihre Wunden gern herumzeigen. Wer solche Verletzungen nicht aushält, ist eben *nicht tough genug* für diese über die Maßen anspruchsvolle Tätigkeit. Tatsächlich handelt es sich aber lediglich um eine miese Firma, deren menschenfeindliches Arbeitsklima mit Schweigegeld und Mythologien gedeckelt wird.

Es gibt auch hier Warnhinweise, die man schon in den ersten Wochen wahrnehmen könnte. Aber weil man so begierig darauf ist, endlich dazuzugehören, werden sie oft verdrängt. Auch Frau Schelb hatte ihren Seismographen so lange ignoriert, bis die Beben nicht mehr zu übersehen waren. Sie war im Rahmen einer Team-Projektleitung die Supervisorin für alle Mitarbeiter, die am Projekt beteiligt waren. Das Projekt bestand in nichts weniger als der firmenweiten Einführung von SAP. Also einer ziemlich anspruchsvollen Angelegenheit, bei der es zutiefst um logistische Macht ging, nicht etwa um einen bloß datentechnischen Vorgang. Wochenlang hatte es donnerstags regelmäßig SAP-Arbeitstreffen aller Beteiligter unter der Leitung des EDV-Chefs gegeben, um den aktuellen Stand des Projekts zu besprechen. Aber irgendwann war das eingestellt worden, »weil es auch ohne gut lief«. Eines Morgens sah Frau Schelb im Vorbeilaufen drei EDV-Mitarbeiter im Foyer zusammenstehen. Sie musste gerade sowieso ins Sekretariat und erfuhr dort auf ihre Nachfrage, dass gerade wieder so ein Treffen stattfand. Davon hatte Frau Schelb nichts gewusst. Frau Schelb ärgerte sich. Sie ging ins Foyer, traf dort den EDV-Leiter, Herrn Fischer, der das Treffen offensichtlich einberufen hatte, und stellte ihn zur Rede, wieso sie als Supervisorin nichts davon wüsste? Fischer wiegelte freundlich ab – es ginge heute ja nur um lauter technische Details, das hätte man ihr nicht auch noch aufbürden wollen. Selbstverständlich hätte er sie sonst informiert. In der nächsten Woche jedoch bestellte der EDV-Leiter alle Projektmitglieder zu einem Gespräch ein, um die »Befindlichkeiten« im Projekt abzufragen. Davon erfuhr Frau Schelb auch erst durch Zufall zwei Tage später. Nun wandte sich Frau Schelb an Herrn Fischers Vorgesetzten und bat ihn – wenn es der EDV-Chef schon nicht auf die Reihe bekomme –, sie auf dem Laufenden zu halten. Der Effekt war gleich null. Sie ahnte, dass weiterhin Meetings stattfanden, zu denen sie eigentlich hätte hinzugezogen werden müssen, aber sie erfuhr nichts davon.

An wen sollte sich Frau Schelb jetzt noch wenden? Was hatte sie falsch gemacht? Natürlich war es auch möglich, dass Herr Fischer irgendetwas persönlich gegen Frau Schelb hatte, dass er Frauen grundsätzlich ausmanövrierte oder dass Frau Schelb schon am Anfang ihrer Tätigkeit irgendeinen Fehler gemacht hatte, ohne es zu merken. Aber Herrn Fischers Vorgehen war auch strukturell ein Klassiker: ein sogenannter *Bypass*. In der Version, die Frau Schelb erlebt hat, wird er gern angewandt in wechselnden Arbeitsstrukturen; in einer Matrixorganisation etwa, in der laufend neue Projektteams zusammengestellt und wieder aufgelöst werden. Die Fischers blühen auf in solchen kontrollunscharfen Strukturen. Und Manipulationen auch.

## Aushöhlung der Autorität

Aber noch häufiger stößt man auf Bypass-Strategien, wenn weibliche Führungskräfte von ihren männlichen Vorgesetzten ausgebremst werden, indem die Mitarbeiter dieser Führungskraft dazu ermuntert werden, sie zu umgehen.

Beispielsweise der Mitarbeiter, dem die Chefin eine Dienstreise nicht gestattete. In der nächsten Besprechung mit dem Vorgesetzten der Chefin drängte genau dieser Vorgesetzte darauf, diese Dienstreise doch zu genehmigen. Später erfuhr die Chefin, dass Mitarbeiter und Vorgesetzter im selben Ort wohnten und Nachbarn waren.

Ein anderes Beispiel war der Assistent, der für die Dauer eines bestimmten Projekts aus dem Arbeitsbereich seiner Chefin aussteigen wollte. Das lehnte seine Chefin aber ab, weil sie ihn dringend an anderer Stelle brauchte. Nur um dann per formloser E-Mail ihres Chefs mitgeteilt zu bekommen, dass der betreffende Assistent von einem Tag auf den anderen abgeordnet wurde. Auf dem Gang grinste sie der Mann triumphierend an.

Oder die Geschäftsführerin des Mittelständlers, die im Clinch lag mit einem ihrer Abteilungsleiter. Er war schon seit zwanzig Jahren in der Firma, sie erst seit zwei. Als sie mit einer großen Umstrukturierung begann (dafür war sie eingestellt worden), beschwerte sich der Abteilungsleiter hinter ihrem Rücken beim Eigentümer der Firma. Der hatte nichts Eiligeres zu tun, als von seiner Geschäftsführerin eine Veränderungssperre für den Arbeitsbereich des fraglichen Abteilungsleiters zu verlangen.

So demontiert man eine weibliche Führungskraft. Mit einem Bypass.

Stufe 1

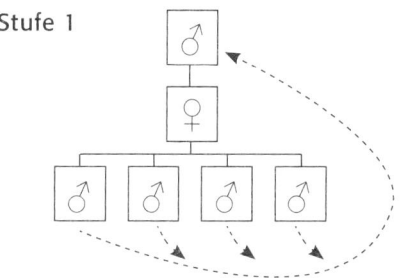

Vereinzeltes Bypass-Verhalten in außergewöhnlichen Fällen – VORSICHT!

Stufe 2

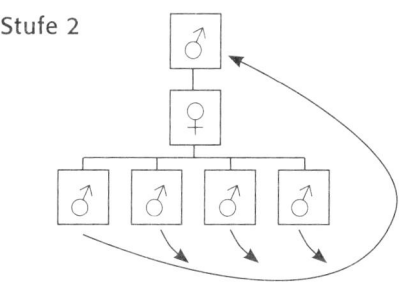

Systematischer Bypass – die Vorgesetzte ist bei Mitarbeitern desavouiert!

Die Erlaubnis zur Umgehung der Vorgesetztenstruktur kann die Autorität jeder Vorgesetzten aushöhlen. Manche Chefs wissen tatsächlich nicht, dass man so etwas nicht ungestraft tut. Sie gehen naiv davon aus, dass der

König alles darf. Die Mehrzahl hingegen weiß ganz genau, welchen Effekt solche Umgehungen haben. Mittelfristig wird da nämlich jemand unmöglich gemacht. *Sie geben mir einen Auftrag? Dann gehe ich eben zu Ihrem Chef, dann sieht das schon ganz anders aus. – Ich bekomme eine unangenehm kurze Frist gesetzt? Dann wollen wir doch mal sehen, ob die so bleibt, wenn ich mit dem Geschäftsführer rede.* Und so weiter.

Wenn solche Bypässe in einer Organisation als selbstverständlicher Standard gelten, handelt es sich um systemgewordene Manipulation, um eine Form von strukturellem Vampirismus. Gerade Menschen, die auf Leistung setzen statt auf Intrigen, werden es in solch einem System schwer haben. Das System zieht ihnen ihre Energie ab, bis nichts mehr da ist.

Natürlich sieht sich das System selbst nicht so. Im Gegenteil, es gibt sich womöglich als »dezentral aufgestellt« aus oder als besonders demokratisch oder geradezu als sozial. Viele Mitarbeiter, die dort bleiben, obwohl sie das alles durchschaut haben, verbreiten diese Mythologie sogar noch weiter. Sonst müssten sie sich eingestehen, wie sehr sie sich in die Tasche lügen.

In besonders schwierigen Situationen der Personalführung kann selbstverständlich eine Chefin oder ein Chef den »offiziellen« hierarchischen Weg außer Acht lassen. Es muss möglich sein, dass sich eine Mitarbeiterin oder ein Mitarbeiter über seine Chefin oder seinen Chef beschwert, wenn es zu einem Machtmissbrauch kommt; und es muss möglich sein, dass so jemand dann auch Gehör findet und ein Vorgesetzter quer zur Struktur die Notbremse zieht. Das ist aber etwas ganz anderes als ein

Bypass-Verhalten, das sich strukturell eingeschlichen hat und permanent eingesetzt wird, um leistungsbereite Leute auszuschalten. Eine Führungskraft, die es zulässt, dass solch ein Bypass-Verhalten auf ihre Kosten zur Gewohnheit wird, verliert in der Organisation jeden Boden unter den Füßen. Leider kann man dann ziemlich oft nur noch gehen.

Solche Bypass-Erfahrungen können sich auch einstellen, wenn man zu naiv mit der arbeitstechnischen Idee umgeht, die für Frauen immer mehr an Attraktivität gewinnt: dem Homeoffice.

## Das Homeoffice als Sackgasse

Scheinbar ist genau diese Lösung eine maßgeschneiderte Möglichkeit für Frauen, die wegen ihrer Kinder in Teilzeit anspruchsvolle Aufgaben erledigen wollen. Datentechnisch hervorragend vernetzt, kann man per Telefon, Skype und Mail zu fest vereinbarten Zeiten von zu Hause aus Projekte durchführen. Die ganze Fahrerei kann man sich sparen. In einer Wissensgesellschaft eigentlich ganz logisch: Der Kopf wird bezahlt, nicht das Gesäß. Es klingt ziemlich ideal. Tatsächlich hat diese Lösung aber auch eine Geschlechter-Komponente, die man besser laufend reflektiert, wenn man nicht ins Hintertreffen geraten will – wie Frau Kramer.

Ich lernte sie in einem meiner Seminare kennen, als sie mich in einer Pause unter vier Augen ansprach. Es gab keinen offenen Konflikt, mit dem die IT-Spezialistin zu tun hatte, nur ein diffuses Gefühl von Ohnmacht und dass irgendetwas falsch lief. Ursprünglich wurde sie als Teamassistentin in Teilzeit eingestellt, es war ein kleines Team von acht Personen. Ein Jahr später konnte sie ihre Chefs davon überzeugen, dass sie genauso gut auch von zu Hause aus ihre Projekte abwickeln könne. Von da an arbeitete sie im Homeoffice. In der Zwischenzeit wurde sie Mutter von zwei Kindern. Mittlerweile gehörten zum Team fast zwanzig Mitarbeiter. Fast jeder war für einen speziellen Bereich zuständig. Immer noch arbeitete Frau Kramer im Homeoffice und war nur bei wichtigen Terminen in der Zentrale.

Klang das nicht fast ideal? Doch Frau Kramer wirkte ziemlich bekümmert. »Früher habe ich gedacht«, seufzte sie, »je mehr ich mich engagiere, desto mehr Anerkennung und Motivation bekomme ich. Leider nicht; ich bekomme immer mehr Aufgaben, die ich in meiner Arbeitszeit nicht mehr erledigen kann, die Motivation fehlt.«

Als Frau Kramer vor einem Jahr nach einer Gehaltserhöhung fragte und um eine Aufstockung ihrer vertraglichen Stundenzahl bat, erhielt sie die Antwort, dass sie schon sehr gut verdiene. Eigentlich wollte Frau Kramer auch darüber reden, ob sie nicht in Frage käme für eine Teamleitungsposition, aber der Chef stellte dann ein paar Fragen zu ihren Kindern, das ganze Gespräch kam schnell auf eine private Ebene, und das Thema Gehalt war vom Tisch.

Als ich mit Frau Kramer detaillierter ins Gespräch kam, stellte sich heraus, dass sie in den letzten zwei Jahren kaum physisch in der Firmenzentrale anwesend war.

Als sie sich dort mit ihrem Chef traf, begegnete sie auf dem Gang Leuten, die sie noch nie gesehen hatte.

Angesichts der hohen Bedeutung von Revierfragen in einem vertikalen Kommunikationssystem kann es katastrophal für Frauen sein, wenn sie tatsächlich glauben, dass die nachlesbaren Arbeitsergebnisse, die sie per Mail oder Intranet ins System eingeben, schon genügen als Argumente für mehr Geld, für eine Karriere oder für eine Führungsrolle. Vielleicht wäre das anders, wenn Frauen am anderen Ende der Datenleitung säßen und nicht entscheidungsbefugte Männer. Wer nämlich in deren Umkreis nicht taktil, reviertechnisch, rangdarstellend immer wieder in Erscheinung tritt, gilt territorial als einfach nicht vorhanden. So beschränkt sich das anhört, aber in diesem System gilt leider oft die Devise: »Aus den Augen, aus dem Sinn.«

Wenn eine Konzernjuristin wegen ihrer Kinder ihren Job in Teilzeit und von zu Hause aus erledigt und nur alle zwei Monate in echte Büroräume kommt, sei ihr ihre berufliche Logistik gegönnt. Aber wenn sie dazu meint: »Kaffeeklatsch und Kantine fehlen mir nicht«, hat sie leider die vertikale Pointe übersehen. Denn tatsächlich ist diese Lagebeschreibung ein Indiz für eine rangtechnisch äußerst anspruchsvolle Situation mit der großen Gefahr, im territorialtechnischen Aus zu landen.

Natürlich kann ein Homeoffice sachlich funktionieren. Aber so eine Arbeitsstruktur kann auch die Einladung zu einem oben beschriebenen Bypass-Verhalten sein. Die räumliche Abwesenheit führt im beruflichen Rahmen einer mehrheitlich vertikal dominierten Struktur mit dem Ausfall von territorialer Präsenz leicht

163

dazu, dass Frauen im Homeoffice nur noch als untergeordnete Dienstleisterinnen gelten für diejenigen, die sich tatsächlich im Revier aufhalten. Insofern kann man geradezu von einer sprachlichen Logik sprechen, wenn so jemand als zukünftige Führungskraft für vertikal denkende Menschen überhaupt nicht mehr »auf dem Schirm« auftaucht. Wer mobil ist und flexibel, erlebt möglicherweise eine Steigerung der individuellen Lebensqualität. Für die berufliche Zukunft aber können die Umstände alles andere als von Vorteil sein. Eine Studie über die abnehmende Motivation vieler weiblicher Führungskräfte über fünfzig kommentiert diesen Sachverhalt so kurzsichtig, wie das leider oft vor einem horizontalen Hintergrund gemacht wird: »[Es] … stellt sich heraus, dass in den Unternehmen eine Art *Anwesenheitsmythos* herrscht, der viele Männer dazu veranlasst, auch nach Feierabend noch am Schreibtisch zu verharren.« (Funken)

Einmal abgesehen von den einfach ineffizienten Kollegen, die es natürlich auch gibt, wird bei diesem Urteil bezeichnenderweise eine entscheidende Triebfeder völlig ausgeblendet: der Revierreflex dieser Kommunikationswelt. Wer diesen nicht in Rechnung stellt, wird logisch und vorhersehbar Probleme bekommen. Eine gemeinsame Studie der Stanford und der Beijing-Universität kommt bei diesem Thema zu dem betrüblichen Schluss, dass die Rate, mit der Mitarbeiterinnen und Mitarbeiter im Homeoffice in der Firma befördert werden, im Vergleich zu denen, die räumlich anwesend sind, um fünfzig Prozent zurückgeht. Nicht wirklich überraschend.

Das muss nicht heißen, dass grundsätzlich Homeoffice nicht möglich wäre. Wohl aber, dass auch in diesem Rahmen die bewusste und regelmäßige Anwesenheit im Revier der Entscheider wichtiger sein kann als das, was inhaltlich geleistet wird …

Kapitel 9

# Die Formeln der Freiheit
oder: Wann Bildung zum Bumerang wird

# Engführung auf Verbalität

Im Allgemeinen setzt Schulbildung hierzulande auf einen stetig gesteigerten Anteil worthafter Kommunikation. Wer in eine Schule kommt, wird zu verbaler Virtuosität erzogen. Es gibt vereinzelte Ausnahmen, die Regelschule bis hin zur Uni setzt aber auf Ausdrucksfähigkeit in Wort und Schrift. Dagegen ist an sich nichts zu sagen, gerade in einer Wissensgesellschaft. Allerdings kann dieser Prozess, wenn man ihn nicht kritisch reflektiert, zu einer verengten Wahrnehmung von Kommunikation führen. Gerade Angehörige des horizontalen Systems können, wenn sie dieses verbal-lastige System durchlaufen haben, dem Irrglauben erliegen, das sei schon die komplette Kommunikation, die das Menschengeschlecht anwendet, und etwas anderes als Verbalität sei nicht so wichtig. Auf diese Weise kann Bildung zu einem echten Bumerang werden. In der direkten Konfrontation mit Vertretern des vertikalen Systems ist dann das Unverständnis darüber groß, dass es auch noch andere, und zwar ebenso hochwertige Formen der Kommunikation gibt, die mit sehr wenigen Worten oder sogar ganz ohne Worte auskommen und trotzdem etwas sagen.

Wegen dieses Verbaltrainings von Kind auf empfinden es viele Frauen in einem Konflikt immer wieder als Zumutung oder gar als dümmlich, wenn sie in einer Situation der Gegenwehr nur kurze Worte verwenden, einfachste Aussagen machen und diese womöglich sogar noch wiederholen sollen. Es sind einfach zu wenige Worte! *So was ist doch nur primitiv!* Wenn man allerdings den kommunikativen Horizont etwas weiter öffnet, wird schnell deutlich, dass Verbalität schon im normalen Alltag nur einen Ausschnitt darstellt. Wenn es um wichtige Themen geht, beschweren sich nämlich auch Angehörige des horizontalen Systems über scheinbare Einfachheit oder einen hohen Anteil von Nonverbalität nicht, sie setzen das vielmehr selbst gerne ein. Zum Beispiel in der Liebe: Können Sie sich vorstellen, dass im zärtlichen Tête-à-tête einer der beiden mit einer langen Liste von Erklärungen oder Detailinformationen daherkommt? Die entscheidenden Dinge passieren durch Berührungen, Blicke, mit allereinfachsten Worten. Oder in der Beziehung zwischen Eltern und Kindern: Wenn ein kleines Kind, das noch unsicher auf den Beinen ist, hingefallen ist, sich das Knie aufgeschürft hat, am Boden liegengeblieben ist und schreit: Wird ihm die Mutter im Stehen erklären, was Hämoglobin für die Gerinnungsfähigkeit des Blutes bedeutet? Wohl kaum. Viel wahrscheinlicher ist es, dass sie sich herunterbeugt (Move Talk), das Kind auf den Arm nimmt (Move Talk) und es in allereinfachsten Worten tröstet: »Oh ja, das tut jetzt weh, komm, wir pusten mal drauf, dann geht's schneller weg … Ja … das hört auch wieder auf …« (Basic Talk) und so weiter.

Das sind ja keine belanglosen Szenen. – Wieso sollte es in Auseinandersetzungen mit Männern im Beruf so grundsätzlich anders sein? Natürlich sind die Gefühle dabei diametral verschieden. Aber der Energielevel kann ziemlich ähnlich sein. Also ist Scham nicht angebracht, wenn man als kultivierter Mensch auf einfache Worte zurückgreift, bei denen die erworbene Bildung überhaupt keine Rolle zu spielen scheint. Die Virtuosität liegt in diesem Kontext nicht in der abwechslungsreichen, originellen Diktion, sondern in einem ziemlich komplizierten Ensemble aus kurzen Worten (und auch noch den richtigen!), taktisch eingesetztem Schweigen, dem bewussten Blick und der Bewegung des eigenen Körpers im Raum. Eher handelt es sich um nicht vergleichbare Kunstformen, so wie es brillant formulierte Literatur gibt, aber eben auch exzellente Choreographien. Es hat gar keinen Sinn, diese beiden so unterschiedlichen Gattungen einfach über den einen Leisten der Anzahl verwendeter Worte oder ihrer Originalität zu schlagen.

Also keine Angst davor, einfach zu sein, wenn es wirkt! In Wirklichkeit erscheint es nur einfach und ist überhaupt nicht simpel, sondern sehr komplex auf einer ganz anderen Kommunikationsebene.

## Worte für Crash-Test-Dummies

Dementsprechend gibt es einige wenige Worte der deutschen Sprache, die für weibliche Führungskräfte im Konflikt den Duft von Souveränität und von Freiheit, von Autonomie und Überlegenheit haben, die in der Regel aber absolut unterschätzt werden. Doch sie sind das Mittel der Wahl, wenn im beruflichen Rahmen unsachliche Attacken durch Vertreter des vertikalen Systems erfolgen. Die Frauen werden das wahrscheinlich merkwürdig bis lächerlich finden; die Männer, deren Angriff vielleicht damit abgewehrt wird, werden sofort verstehen, was hier passiert.

Es gibt allerdings für den nachdrücklichen Einsatz dieser unterschätzten Worte drei grundlegende Bedingungen. Sie sind sozusagen der Handschutz für das Schwert, das nun geschwungen wird: Man sollte das, was man gleich sagt, so ernst meinen, dass entweder ein abfällig eingefrorenes Lächeln dazu durchhaltbar ist, oder es müssen konsequent unbewegte Gesichtszüge aufgesetzt werden. Zweitens sollte man auf gar keinen Fall einen fragenden Tonfall unterlegen; was man sagt, soll nur ein Statement sein, sonst nichts. Und drittens dürfen diese Worte auf gar keinen Fall schnell und kurz ausgesprochen werden. Sie entfalten ihre Wirkung ausschließlich dann, wenn sie stimmlich ausgewalzt werden. Dann allerdings treffen sie wirksam. Dann werden es Stopper wie in Crash-Tests. Man müsste sie beim Lesen laut vor sich hin sprechen. Unhörbar nur im Kopf, entfalten sie ihre Potenz so gut wie gar nicht. Es sind Raum-Worte, Bühnen-Worte:

- N-E-I-N.

- J-A.

- D-O-CH.

- S-T-O-P.

- A–H–A.

- MO–MENT.

Vier Einsilber, zwei Zweisilber. Mein Eindruck ist mittlerweile, dass zwei Drittel aktuell erfolgender Aggression in einer Sitzung mit vielen oder im Büroraum unter vier Augen mit einem dieser goldenen Worte bereits wirksam abgewehrt werden können. Entscheidend ist dabei allerdings, dass dieses Wort einfach nackt im Raum stehenbleibt und anschließend *keine* Begründung nachgeschoben wird (auch wenn man das nur schwer aushält).

»Frau Kollegin, das kann man doch alles viel schneller machen, als Sie das hier vorschlagen. Andere haben das auch hinbekommen.« – Antwort, langsam, laut, unbewegt: »N-e-i-n.« »Doch, doch, in der Nachbarabteilung haben sie auch …« – »N-e-i-n.« Und einen Grund nennt man *nicht*.

In einem horizontalen System geht es demgegenüber permanent um Begründungen und um immer noch mehr Argumente. Das können Männer natürlich auch leisten, wenn sie es wollten. Aber wenn sie in einen *Rang*streit eintreten, werden sachliche Fragen oft nur als Maske verwendet. Im Ernst interessiert dann die inhaltliche Antwort gar nicht. Sie wird höchstens als Vorlage für den nächsten Angriff benutzt. Darum ist dieses Nein auch so wirksam: Es schneidet durch bis auf den Knochen des Angriffs. »Jetzt werden Sie aber mal wieder sachlich!« – »N-e-i-n.« Unbewegte Miene. Nur Frauen finden das im Konflikt zum Lachen.

Aber Vorsicht! In der Kommunikation *mit Frauen*, egal auf welcher Ebene, sollte so etwas nur sehr sparsam eingesetzt werden! Sonst stecken Sie eine Lunte an, die Sie vielleicht nicht mehr löschen können.

Wenn Sie unbedingt etwas ausführlicher im Konflikt mit Leuten aus dem vertikalen System werden wollen, dann können Sie auch auf ein paar arrogante Formeln zurückgreifen. Sozusagen gesprochen von den Zinnen des Turms herab zum lauschenden Volk. Es sind Formeln der kühlen Abgrenzung, die sehr deutlich machen, dass Sie a) eine geäußerte Meinung ablehnen, b) jetzt nicht an ein Nachgeben denken und c) nun auch nicht weiter darüber reden wollen. Auch diese Formulierungen können Sie wiederholen, so oft Sie wollen – *wenn* Sie es langsam tun, mit entsprechenden Pausen und ohne schuldiges Verlegenheitslächeln:

- Das sehe ich anders.
- Das lasse ich jetzt so stehen.
- Das ist nicht relevant.
- Das stellt sich nicht dar.
- Dazu habe ich eine andere Position.
- Das leuchtet nicht ein. (Übrigens nicht: Das leuchtet *mir* nicht ein.)
- Ich nehme das zur Kenntnis.
- Diese Aussage teile ich nicht.

Auch in diesen Fällen sind Begründungen oder weitere zur Verfügung gestellte Details nur in Ausnahmefällen angebracht. Wenn Sie jetzt in den Modus der Rechtfertigung geraten, verlieren Sie!

Das gilt leider auch für vermehrtes Fragen. Gegenüber Vertretern einer vertikalen Welt sind Fragekonstruktionen im Konflikt sehr oft eine Ermutigung, genauso weiterzumachen, wie sie angefangen haben. Vielfach wird eine in diesem Kontext geäußerte Frage allein schon wegen des phonetischen Klangs bereits als

Rückzugsbereitschaft oder als Rangverzicht begriffen. Leider auch dann, wenn die am Konflikt beteiligte Frau das überhaupt nicht so gemeint hat, sondern nur zurückwollte auf eine sachliche Ebene. *Du fragst etwas? Dann erklär' ich dir mal die Welt, Mädchen!* Also im Zweifelsfall jetzt keine Frage stellen. Erst dann wieder, wenn Sie Respekt bekommen haben und sich das gesamte Prozedere wieder auf einer intellektuellen, fachlichen Ebene befindet.

## Gewaltfreie Kommunikation

An dieser Stelle ein kurzer Hinweis auf ein kommunikatives Konzept, das sich gerade unter weiblichen Führungskräften großer Sympathien erfreut: Marshall B. Rosenbergs »Gewaltfreie Kommunikation«. Dazu muss ich ein bisschen ausholen.

Mitte des letzten Jahrhunderts war die Geburtsstunde einer großen psychologischen Bewegung, die sich ganz bewusst von Freuds klassischer Psychoanalyse abgrenzte. Es handelte sich um die Humanistische Psychologie, die heute Mainstream geworden ist und der wir viele bahnbrechende Erkenntnisse verdanken. Einer ihrer Geburtshelfer war der Nordamerikaner Carl Rogers, der die »Klientenzentrierte Gesprächstherapie« entwickelt hat. Obwohl sich Rogers der Bedeutung nonverbaler Signale bewusst war, kreiste seine gesamte Methodik um den Rahmen eines verbalen Gesprächs aller Beteiligten. Die darin zu erreichende Qualität war für Rogers »Empathie«: das verstehende Zuhören. Schon damals war »Wertschätzung« ein zentraler Begriff.

Marshall B. Rosenberg war ein Schüler von Rogers. Er vertiefte den Ansatz seines Lehrers in der »Gewaltfreien Kommunikation«. Mit dieser Methode lassen sich große Erfolge erzielen, wenn eine grundsätzliche Zuhörbereitschaft bereits etabliert und zwischen den Konfliktparteien derselbe Kommunikationslevel hergestellt ist. Mit der Frage allerdings, wie es sich handwerklich erreichen lässt, dass die eine Seite der anderen überhaupt zuhört, halten sich weder Rogers noch Rosenberg lange auf.

»Verstehendes Zuhören« kann in vielen Machtauseinandersetzungen in Organisationen aber leider nicht vorausgesetzt werden. Es ist oft ein *Ziel*, das man nicht ungestraft mit einer bereits bestehenden Realität verwechseln darf.

Wer Rosenbergs Methode naiv anwendet, steht im schlimmsten Fall vor jemandem, der mit Move Talk seinen Rang verteidigt und überhaupt nicht auf die argumentative Ebene einsteigt, an die die andere Seite verzweifelt appelliert. In solch einer Situation helfen gerade die von Rogers wie Rosenberg empfohlenen Mittel – Äußerungen der persönlichen Gefühle, Nachfragen, Bitten, Appelle an die eigenen Interessen – herzlich wenig. Nicht etwa, weil sie grundsätzlich sinnlos wären, sondern weil sie einfach zu früh kommen. Denn der andere Part befindet sich noch nicht im Modus des Zuhörens.

Rogers wie Rosenberg konnten die Forschungsergebnisse von Deborah Tannen und ihren Kollegen zu einem »horizontalen« und einem »vertikalen« Kommunikationssystem noch nicht kennen. Historisch kam Tannen ja auch viel später. Wer die Methoden von Rogers und Rosenberg heute anwendet, sollte nicht außer Acht lassen, was in den letzten vierzig Jahren an neuer Erkenntnis hinzugekommen ist. Für Rogers wie für Rosenberg ist Verbalität das Nonplusultra an Kommunikation, und damit bewegen sie sich einseitig auf einer horizontalen Ebene – leider ohne sich dessen bewusst zu sein.

»Gewaltfreie Kommunikation« passt insofern absolut in eine politisch korrekte Überzeugungswelt. Ob sie aber Sinn macht in der direkten Auseinandersetzung mit unreflektierten Vertretern des vertikalen Systems, die gerade voll auf einer Ebene jenseits aller Verbalität kommunizieren, halte ich für einigermaßen fraglich.

## Argument und Brechreiz

Wie ungeahnt wirksam es bei persönlichen Querschlägern im Arbeitskontext sein kann, wenn man auf sie handwerklich mit absichtlicher Langsamkeit und strategisch eingesetzten Pausen reagiert, habe ich im »Arroganz-Prinzip« ausführlich dargestellt. Aber weil ich gerade bei hochgebildeten Frauen immer wieder auf großen Unglauben damit stoße, möchte ich das Augenmerk noch einmal ganz ausdrücklich auf eine Reaktionsform richten, die einfache verbale Äußerungen ebenso einschließt (vgl. »Worte für Crash-Test-Dummies«) wie die genannten arroganten Formeln (Stichwort »Sprechen vom Turm«) und langsames Tempo. Das Mittel, das ich meine, beleuchtet einen weiteren Aspekt. Auch diese Methode ist alles andere als kompliziert, darüber hinaus ist sie auch noch absichtlich unoriginell, sie nimmt Langeweile ganz bewusst in Kauf, und sie sieht gerade für verbale Meisterinnen extrem beschränkt aus. Wir haben sie schon bei diversen Fällen kennengelernt, etwa bei den vier Disponenten an einem Tisch, als die Frau als Gegenwehr immer dasselbe erwiderte: »neunzig … Prozent«.

So unoriginell dieses Werkzeug der Ebene zwei (Basic Talk) erscheinen mag, so wirksam ist es jedoch auch. Wie sagte schon Heinrich von Kleist entnervt über das deutsche Volk: »Was man dem Volk dreimal sagt, glaubt das Volk.« Ersetzen Sie »Volk« durch »vertikal kommunizierende Kollegen«, stimmt es erst recht. Nicht nur gibt man dem Kollegen auf dessen Angriff eine einfache Antwort, nein, man lächelt souverän und sagt, wenn er nachhakt, genau dasselbe noch mal. Und noch einmal. Und, wenn nötig, vielleicht mit mehr Nachdruck, vielleicht noch langsamer, aber zum dritten Mal mit exakt demselben Wortlaut. Dieses Mittel darf man nicht überstrapazieren, weil es einen so massiven Effekt hat. Wenn sich der Kollege aufregen sollte, kann man ihm in aller Ruhe entschlüsseln, was man gerade macht: »Sie greifen mich an … Ich antworte.«

Wiederholung. Mehr nicht. Aber das muss man auch aushalten. Meine Erfahrung ist leider, dass gerade gebildete Frauen so etwas im Konflikt oft nur mit Mühe ertragen. Doch es wirkt! Schon die klassischen Rhetoriker kannten diesen Mechanismus. Man hat ihn nicht geschätzt, er galt als nicht gerade elegant, aber man konnte nicht umhin und musste mit Schaudern seine Effizienz

anerkennen: die Effizienz des »argumentum ad nause-
am« – des »Arguments bis zum Brechreiz«. Also nur zu,
trotz Abitur, Diplom, Master, trotz Dostojewski-Kennt-
nissen und Technologie-Know-how, trotz Wissen über
Betriebswirtschaft oder Barocklyrik: keine Hemmungen
bei Wiederholungen. *Nausea* bekommt nur der Kontrahent. Sie nicht.

Das war ein bisschen viel Theorie in diesem Kapitel.
Und darum zu guter Letzt noch ein Beispiel. Es treten
auf: eine schwangere Abteilungsleiterin und ihr nicht-
schwangerer Kollege. Frau Riedlin ist im sechsten Monat.
Mit ihrer direkten Vorgesetzten ist schon abgesprochen,
wann sie in Mutterschutz geht, und es ist auch vereinbart, wann sie wieder in die Firma zurückkommt. Frau
Riedlin hat schon einen deutlich sichtbaren Bauch, und
als sie durch einen Gang in ihrer Firma geht, kommt ihr
ein Abteilungsleiter entgegen, ein Mann um die fünfzig
namens Wuttke. Frau Riedlin sieht Herrn Wuttke, geht
kurz auf ihn zu und begrüßt ihn freundlich, Herr Wuttke grüßt höflich zurück, und es entspinnt sich ein inter-
essierter kollegialer Smalltalk. Frau Riedlin teilt Herrn
Wuttke mit, dass sie nach der Schwangerschaft wieder
zurückkommen würde. Herr Wuttke macht daraufhin
einen Schritt auf sie zu, klopft ihr auf den rechten Oberarm und sagt etwas mitleidig: »Mädchen, warte mal ab,
das werden wir dann schon sehen«, und geht geradeaus
weiter.

Diese Szene hat sich vor sieben Jahren abgespielt und
heute noch, nach sieben ganzen Jahren, ärgert sich Frau
Riedlin über dieses herablassende Schulterklopfen und
die Art, mit der Herr Wuttke sie damals als »Mädchen«

abgetan hat. Wir probieren nun im Seminar Alternativen aus. Aber vieles, was wir austesten, bremst Herrn Wuttke überhaupt nicht. En passant stellt sich allerdings heraus, dass Herr Wuttke seine Haltung offensichtlich als gar nicht so abfällig beabsichtigte, wie Frau Riedlin sie empfunden hat. Wir kommen tatsächlich erst weiter, als Frau Riedlin eine alte Regel aus dem Improvisationstheater beherzigt: »Das Offensichtliche muss man aussprechen.« Wieder treffen sich die beiden auf dem Gang, wieder gibt es den üblichen Smalltalk. Wieder kommt das abfällige Schulterklopfen und die Anrede »Mädchen«, aber diesmal legt Frau Riedlin ihre beiden Hände auf ihren großen Bauch und sagt langsam, laut und klar zu Herrn Wuttke: »Ich … bin … schwanger …« (Dabei fixiert sie ihn mit einem neutralen, nicht freundlichen Gesichtsausdruck.) Herr Wuttke schaut ein bisschen irritiert. Dann setzt Frau Riedlin noch eins drauf: »Und in acht … Monaten … (etwas größere Pause) bin ich … wieder hier.« Wuttke ist jetzt ganz ernst und nickt. Kurze Verabschiedung, jeder geht weiter.

Ich frage unseren Sparringspartner, inwiefern sich diese Situation zu den vorherigen Durchläufen unterschieden hat, und er antwortet: »Das ist ein bisschen doof jetzt.« Ich frage noch mal nach, was er damit meine. Er antwortet: »Ja, vorhin war die irgendwie so … mir klar untergeordnet und nicht so bedeutsam. Ich habe ihr auch nicht richtig abgenommen, dass sie wirklich zurückkäme. Jetzt ist es anders, ich finde sie gar nicht mehr nett.« Ich frage noch einmal nach: »Nehmen Sie es jetzt ernst, dass sie zurückkommen wird?« »Auf jeden Fall. Die kommt zurück. Andere vielleicht nicht. Aber die schon.«

Es ist offensichtlich – Frau Riedlin ist für Herrn Wuttke auf eine völlig andere Ebene gerutscht als die des »Mädchens«. Da ist jetzt kein Platz mehr für Gönnerhaftigkeit. Geschafft hat sie das mit etwas völlig anderem als einer Kaskade von Informationen oder der differenzierten Proklamation eines moralischen Anspruchs (*Frauen sind heutzutage gleichberechtigt, Herr Wuttke, und deshalb ist Ihr Sprachgebrauch …* usw.). Bloße Verbalität erreicht die Wuttkes dieser Welt ganz sicher nicht so nachdrücklich. Das hat niemand Geringeres als eines der großen Vertikal-Vorbilder unnachahmlich klar formuliert: John Wayne. Als der junge Schauspieler Michael Caine gerade seinen ersten bescheidenen Erfolg hatte, gab ihm der berühmte Star einen Rat, an den sich Caine getreu sein Leben lang hielt (und damit dann selbst ein Star wurde): »Du hast eine große Zukunft, Kleiner. Aber merk dir: Sprich langsam. Und quatsch nicht so viel.«

Wenn's nicht mehr sein muss? Das bekommen auch hochqualifizierte Frauen hin.

Kapitel 10

## Die Abgründe der Harmonie
oder: Was Frauen anderen Frauen
beruflich antun

# Der Nachteil von Attraktivität

Für sein Äußeres kann man nichts. Man wird damit geboren, dass man große Füße hat oder eine Stupsnase. Wer körperlich kurz gewachsen ist, wird das manchmal bedauern, manchmal gereicht es zum Vorteil. Umgekehrt auch. Wofür man etwas kann, ist das, was man insgesamt aus seinem Auftritt macht, welche Kleider man wie einsetzt oder besser nicht. Oder mit welcher Haltung man unterwegs ist. Am Körperbau ändert das grundsätzlich immer noch nichts.

Aber vielleicht ist das auch nur eine männliche Sichtweise. Irgendwann fiel mir nämlich auf, welche Blicke meine Töchter auf sich ziehen, wenn sie mit mir durch die Straßen gehen. Sie sind beide groß, schlank und jede auf unterschiedliche Weise schön. Männer sehen sie oft mit Bewunderung an oder mit einem offensichtlichen Flirt-Interesse, Frauen aber auffallend oft mit einem Blick, den man ganz eindeutig als feindselig bezeichnen muss. In Sekundenbruchteilen wird da jemand von Kopf bis Fuß gescannt, und die Reaktion kann rasch abschätzig werden. Woher kommt diese Ablehnung? Von anderen Männern kenne ich selbst solche Blicke nur in den seltensten Fällen; vielleicht weil ich nicht das Äußere eines männlichen Models habe. Aber auch viel besser aussehende Männer als ich entgehen diesem Killer-Blick, es gibt unter Männern kein Pendant dafür. Der sieht eben aus, wie er aussieht – aber was hat der Typ sonst drauf? Das ist die Frage, die Männer unter sich stellen. Redet er zu viel, welchen Händedruck hat er, hält er sich aufrecht? Solche Fragen. Aber nicht instinktive Gegnerschaft allein des körperlichen Aussehens wegen.

Klientinnen erzählen mir jedoch immer wieder von ihrem Eindruck, dass Kolleginnen oder weibliche Vorgesetzte anders reagieren. So, als ob sie selbst in Sekundenbruchteilen in einen Beauty-Contest geraten wären, und wehe, sie sehen besser aus als die Chefin! Und viele Klientinnen, deren Aussehen einem gängigen Schönheitsideal nahekommt, berichten mir, mit wie viel Unterstellungen durch Kolleginnen sie laufend zu tun haben. Dieser Eindruck scheint bestätigt zu werden durch eine Studie über 2500 Stellenausschreibungen (Ruffle/Shtudiner). Bewerberinnen, bei denen die beiliegenden Fotos auf ein attraktives Aussehen schließen ließen, wurden deutlich seltener zum Vorstellungsgespräch eingeladen als gutaussehende Männer. Der Grund war offensichtlich, dass die mehrheitlich weiblich besetzten Personalabteilungen konkurrierendes Aussehen von vornherein negativ bewerteten. Bewerberinnen ohne Fotos hatten deutlich mehr Erfolg.

So etwas wie weibliche Solidarität kommt natürlich auch vor, aber mein Eindruck ist inzwischen, dass sie leider viel seltener ist, als Frauen sich das wünschen. Man sollte das realistisch sehen, nicht mythologisch.

Norah Vincent, eine nordamerikanische Feministin, hat vor ein paar Jahren das Experiment durchgeführt, sich ein Jahr lang als Mann zu verkleiden. Das hat ziemlich gut funktioniert, sie wurde tatsächlich nie enttarnt. Sie suchte dabei systematisch Situationen auf, in denen sie ein für Männer besonders typisches Verhalten annahm. Ihre Vermutung war etwas naiv die, dass sie in dieser Verkleidung das große Reich der Freiheit betreten würde, von dem Frauen sonst ausgeschlossen sind. Stattdessen machte sie eine ganze Menge desillusionierende Erfahrungen, die ihr festes Weltbild ins Wanken brachten. Das fiel ihr vor allem in einer Gruppe von Männern beim Bowling auf. Obwohl sie mit Abstand der schwächste Spieler war, traf sie auf große Nachsicht, sobald sie Mitglied der Gruppe geworden war. Das blieb auch nach fünf Monaten unverändert schlechten Bowlens so: »Als Männer fühlten sie sich gezwungen, meine Unfähigkeit zu korrigieren, statt sich insgeheim darüber zu freuen und zu versuchen, sie stillschweigend weiter zu fördern. Das hätten«, meint Norah Vincent, »viele der Frauen, mit denen ich mich im Sport gemessen hatte, nämlich getan. Keine Frau hat mir jemals geholfen, meine Technik zu verbessern oder mir irgendwelche Tipps gegeben; jede kämpfte nur für sich allein. Unter Frauen reichte es offenbar nicht aus, selbst Erfolg zu haben, man wollte sehen, wie die Konkurrentinnen scheiterten.« (Vincent)

Norah Vincent beschreibt damit eine Haltung des kleinteiligen Nahkampfes, mit der auch weibliche Führungskräfte rechnen müssen. Zwar kommt es tatsächlich vor, dass sich in einer Frauengruppe alle neidlos freuen, wenn eine von ihnen in eine Führungsposition aufrückt. Ich begegne aber immer mehr Frauen, bei denen es ganz anders läuft: Sie waren glücklich in einem gut aufgestellten Team mit gleichen Rechten und Pflichten und wurden dann bedauerlicherweise Chefin. Von dem Tag an zog sich der Rest der Gruppe zurück und begann zermürbende Mobbing-Aktionen gegen die ehemalige Kollegin. Eine sehr schwierige Situation. Es wäre leichter für sie gewesen, in einer anderen Abteilung ganz neu anzufangen. Aber aus derselben Gruppe aufzusteigen verstanden viele der »zurückbleibenden« Frauen oft als Kränkung, die nur mit Mühe zu verkraften war.

## Frauen gegen Frauen

Es ist durchaus typisch, was ich vor einiger Zeit aus einem städtischen Kindergarten hörte. Die Vorgeschichte war folgende: Die bisherige Chefin ging in den Ruhestand. Als ihre Stelle zur Besetzung ausgeschrieben wurde, setzten sich die Erzieherinnen vehement dafür ein, dass eine von ihnen die neue Leiterin des Kindergartens werden sollte. Der Träger der Einrichtung war skeptisch. Eigentlich wollte man diese Position extern besetzen. Aber die Kolleginnen traten derart überzeugt für eine aus ihrem Kreis – Frau Zenker – ein, dass der Träger nachgab.

Frau Zenker und das Team im Kindergarten waren zwei Monate lang ein Herz und eine Seele. Dann veränderte sich auf merkwürdige Weise das Betriebsklima. Es kam zu immer mehr Konflikten, oft nur wegen Kleinigkeiten, Dienstplänen, Urlauben. Nach sechs Monaten herrschte offener Krieg. In vielen mühsamen Gesprächen schälte sich schließlich ein Hauptvorwurf der Erzieherinnen an die Adresse von Frau Zenker heraus: Seit sie die Chefin sei, trete sie nicht mehr wie eine aus dem Team auf, sondern halte sich für etwas Besonderes und entscheide dauernd ohne Rücksprache. Der Träger der Einrichtung hatte hingegen den Eindruck, dass Frau Zenker eine hervorragende Chefin sei, die einfach nur ihre Aufgabe als Führungskraft ernst nehme.

Die Situation in diesem städtischen Kindergarten ist kein Einzelfall. Viele Frauen bewerten Chefinnen deutlich kritischer, als Männer es tun. Ungefähr ein Viertel der weiblichen Führungskräfte in Deutschland arbeitet mit weiblichen Vorgesetzten schlechter zusammen als mit männlichen. Bei den männlichen Kollegen ist das um die Hälfte besser! 60 Prozent der Frauen sehen bei Vorgesetzten keinen Unterschied im Geschlecht, bei Männern ist das bei 84 Prozent so! Das hat Sonja Bischoff in ihrer großen Untersuchung herausgefunden. Die Hamburger Soziologin führt seit vielen Jahren die umfangreichste Langzeitstudie in Deutschland über männliche und weibliche Führungskräfte durch. Besonders interessant ist dabei die Tatsache, dass diese negative Einschätzung von Frauen gegenüber Frauen als Vorgesetzten ausgerechnet dort vorkommt, wo sie seit längerer Zeit überproportional vertreten sind, nämlich in den Arbeitsbereichen Personal und Finanzen/Controlling.

Und was genau wird Chefinnen von Frauen (die Befragten waren selbst Führungskräfte!) vorgeworfen? Für 38 Prozent waren es deren angebliches »Konkurrenzdenken, Rivalität, Wettbewerbsorientierung«. Für 13 Prozent waren es die »Unberechenbarkeit der Chefinnen«, ihre »Launen«. Für ebenso viele waren es »mangelnde Objektivität, Sachlichkeit, Neutralität«. Es folgten Vorwürfe von »zu viel Emotionalität« und »fehlender Professionalität«. Sonja Bischoff schließt: »Frauen werfen Frauen typisch weibliche Verhaltensweisen vor [sic].«

Angesichts dieser Ergebnisse aus der immerhin größten Managementuntersuchung des deutschen Sprachraums hilft es jedenfalls Frauen in Organisationen und Betrieben überhaupt nicht weiter, idealistische Vorstellungen, etwa die von Frauen als dem vermeintlich unschuldigeren Geschlecht, kritiklos zu übernehmen. Es gibt viele Belege dafür, dass Aggressivität auch unter Frauen durchaus verbreitet ist. Diese Erkenntnis gilt aber immer noch in vielen Kreisen geradezu als tabu. Obwohl zu diesem Thema bereits eine Menge Untersuchungsergebnisse vorliegen, werden sie auffallend wenig in den Medien rezipiert. Ist es bequemer, wenn Frauen ausschließlich als Opfer dargestellt werden?

Damit es keine Missverständnisse gibt: Wir leben immer noch in einem patriarchal dominierten System, dem Frauen zum Opfer fallen. Immer noch sind wir beklagenswert weit entfernt von einer tatsächlichen Geschlechtergerechtigkeit. Aber es gehört zu einer realistischen Sicht, auch festzustellen, dass sich »die befreiten Gebiete« ausbreiten, und es eben nicht mehr so ist wie noch vor einer Generation. Wem heute am Empowerment von Frauen gelegen ist, der oder die sollte mit dem inflationären Gebrauch ausschließlicher Opferbilder vorsichtig umgehen. Die Annahme, dass ein Geschlecht grundsätzlich besser sei, ist jedenfalls nur das, was es immer schon war: Sexismus. Ganz egal, ob diese Annahme für Frauen oder für Männer gelten soll.

Eine der führenden Psychologinnen aus der feministischen Szene der USA, Phyllis Chesler, hat dreißig Jahre gebraucht, um ein Buch über die »Unmenschlichkeit von Frauen gegen Frauen« zu schreiben. Schon als sie angefangen hatte, sich mit dem Thema zu beschäftigen, stieß sie auf enormen Widerstand anderer Frauen in ihrem Umfeld. Auch sie selbst befürchtete Beifall von der falschen Seite. Aber schließlich traute sie sich trotzdem, »die politisch korrekte Sicht herauszufordern, dass Frauen moralisch höher stünden und friedfertiger seien als Männer, dass alle Frauen Schwestern seien.« Ihre Forschungen haben grundlegende Bedeutung für die Zusammenarbeit von Frauen mit anderen Frauen in Firmen und Organisationen. Auch wenn diese Erkenntnisse manchmal wehtun.

In der Sozialforschung hat sich inzwischen weitgehend die Unterscheidung von indirekter und direkter Aggression durchgesetzt. In einem vertikalen Kommunikationssystem wird Aggression in der Regel direkt und offen eingesetzt, bis hin zu unverhüllter Brutalität. Phyllis Chesler hat demgegenüber beobachtet, wie Aggression in einem horizontalen Umfeld indirekt auftritt: »Mädchen lernen, dass es eine sichere Weise ist, jemand anderen anzugreifen, wenn sie das im Rücken der Betroffenen tun, so dass diese nicht wissen kann, woher der Angriff kam.«

Chesler beschreibt sehr genau, wie tief das Bedürfnis vieler Mädchen nach einer intensiven persönlichen Beziehung zu zwei oder drei Menschen desselben Geschlechts ist. Die Bestätigung dazuzugehören ist vielen unvergleichlich wichtiger als jede Rangfrage. »Diese Furcht, abgeschnitten, verlassen zu werden, die weiblichen Vertrauten zu verlieren, von denen man abhängt, erklärt, warum viele Mädchen alles daran setzen, ihre Freundinnen nicht gegen sich aufzubringen oder nicht anderer Meinung zu sein und deshalb am Ende nie das zu sagen, was sie tatsächlich denken oder fühlen.« Chesler hat immer wieder beobachtet, dass Jungen es in ihrer Gruppe als Statusgewinn für sich empfinden können, wenn ein Gruppenmitglied etwas besonders gut kann. Demgegenüber stellt Chesler bei vielen Mädchen fest: »Wenn ein Mitglied einer engen Beziehung den Status wechselt, kann das bedeuten, dass der gesamte Club auf dem Spiel steht.«

## Beziehung als Angriff

Die hochentwickelte Beziehungsintelligenz dieser Mädchen ist die Voraussetzung dafür, dass die Aggression so effizient wird. Die Aggression selbst wird auf bezeichnende Weise indirekt eingesetzt: »Wenn Alice Betty beleidigt hat, wird Betty Carolyn und Diane davon erzählen – aber so, dass sie Carolyn und Diane gegen Alice rekrutiert, indem sie ihnen klarmacht, dass Alice in Wirklichkeit nicht nur Betty beleidigt hat, sondern eigentlich auch Carolyn und Diane. Natürlich hat Alice wahrscheinlich nichts dergleichen getan.« (Chesler)

Es überrascht nicht wirklich, dass Chesler dieselben Muster auch im Verhalten erwachsener Frauen im beruflichen Rahmen wiederfindet. Viele Chefinnen leiden nicht nur darunter, wenn ihnen die vorher selbstverständliche Zugehörigkeit zu ihrer Gruppe entzogen wird, sondern auch an den sozialen Bestrafungsaktionen, mit denen sie nun allein deshalb rechnen müssen, weil sie eine andere Rolle haben. Und weil dieser Druck so existentiell ist, wählen viele ein Verhalten, das Deborah Tannen als »Leveling« bezeichnet hat: Ich bin zwar die Chefin, spiele diesen Level aber so weit herunter, dass die anderen mich gar nicht mehr als Entscheidungsinstanz wahrnehmen, sondern als eine von ihnen. Oft mit angenehmen Gefühlen: *Endlich wieder eine von euch!* Oft nicht effizient. Und leider oft mit der Folge, dass dieses Verhalten einer Chefin für Leute aus dem vertikalen System zur Lachnummer wird. Da muss man dann mit keinem Respekt mehr rechnen.

Weibliche Führungskräfte sollten sich jedenfalls eingestehen, dass Frauen nicht per se eine aggressionslose Spezies sind, damit sie nicht aus allen Wolken fallen, wenn sich weibliche Aggression auch gegen sie wendet. Die Annahme, dass automatisch mehr Kollegialität und ein besseres Arbeitsklima herrschen, nur weil man es mit Angehörigen desselben Geschlechts zu tun hat, ist nicht immer begründet. Automatisch ist da gar nichts. Auch Frauen haben eine Menge Ahnung davon, wie man Manipulationsfallen konstruiert. Eine Beraterin hat dieses Phänomen einmal sogar mit einem Korb voller Krabben verglichen: »Keine Krabbe lässt die andere hochkommen. Versucht sie es, wird sie von den anderen daran gehindert. Ein echter Krabbenkorb ist übrigens offen. Er benötigt keinen Deckel.« (Keuthen) Dieses Verhalten ist, trotz vieler Vorteile, die Schattenseite des horizontalen Kommunizierens.

Die Schriftstellerin Siri Hustvedt hat mit einem sehr analytischen Blick viele Beobachtungen gemacht und

# Kommunikationsachsen im horizontalen Sprachsystem

ZUGEHÖRIGKEIT

Selbstdarstellung?
Machtansprüche?
tabuisiert

INHALTL.
INTERESSE

**Zugehörigkeit:**
• Hoher Harmonielevel in der Gruppe
• Interesse an persönlichen Informationen
• *Du sollst zu uns gehören – nicht herausragen!*

**Inhaltliches Interesse:**
• Schnelle Sachdiskussion möglich
• Hohe Verbalitätsdichte
• *Meine Arbeit soll interessant sein – Geld ist zweitrangig!*

in ihrem Roman »Der Sommer ohne Männer« in einer wunderbaren Sprache niedergeschrieben. Einer der Vorgänge, den die Hauptfigur des Romans schmerzlich genau wahrnimmt, betrifft das Verhalten einer Gruppe von sieben pubertierenden Mädchen. Als eines der Mädchen, Alice, krank geworden war, stellte sich als Grund der körperlichen Symptome am Ende heraus, dass Alice von den sechs anderen so lange und so wirksam gemobbt worden war, dass sie zusammenbrach. Anonyme Beschimpfungen per SMS, Mails mit völlig grundlosen Vorwürfen, ebenfalls anonym, ein verletzendes Spiel mit Freundschaftsangeboten und feindseligem Verhalten und am Ende ein per Handy aufgenommenes Nacktfoto, das ins Internet gestellt wurde. Dann konnte Alice nicht mehr.

So romanesk sich die Details anhören mögen, so häufig kommt vergleichbares aggressiv-verborgenes Sozialverhalten tatsächlich auch unter erwachsenen Frauen in Firmen und Organisationen vor. Nicht nur Hustvedt findet es »deprimierend vertraut«, was Alice erleben musste: »In ihrer Grundstruktur mannigfach variiert, wiederholt sie [die Geschichte] sich ständig und überall. Wenn auch gelegentlich offen, sind die Grausamkeiten meistens versteckte, verstohlene Tiefschläge, um das Opfer zu beschämen und zu kränken.« Alice fragte sich ebenso verzweifelt und ratlos wie viele andere Mobbingopfer, warum sie so gemein behandelt wurde. Die Antwort gab ihr bzw. der Romanheldin eine der vermeintlichen Freundinnen der Gemobbten, indem sie mit gnadenloser Konsequenz feststellte, diese Alice wäre eben »irgendwie anders«. Das hatte genügt.

Eine feministische Wissenschaftlerin hat dieses Verhaltensmuster aufgrund ihrer persönlichen Erfahrungen mit Kolleginnen im Universitätskontext einmal deprimiert so beschrieben: »Es gab da so etwas wie einen Prozess der Aussonderung als ›andere‹ [wörtlich ›Othering‹], der nicht allzu weit weg ist von dem, was man im Aufstieg des Nationalismus sieht.« (Patai) Dabei dachte sie an den damaligen Balkankrieg.

Jedes der beiden Sprachsysteme hat seine blinden Flecken, die sehr bittere Folgen haben können. In einem horizontalen System ist es dieses »Anders-Sein«.

## Die Exkommunikation der Chefin

Solange eine Kollegin zur harmonischen Stimmung in der Frauengruppe beiträgt, sich einordnet und niemandem hineinredet, kann betrieblich alles gutgehen. Wenn sie sich aber von anderen abhebt (Vorgänge schneller analysiert, rascher Erfolge hat, ein auffallendes Outfit zeigt oder – Achtung – befördert wird), kann in einem so auf Gleichheit bedachten System schnell der Stab über sie gebrochen werden: *Die glaubt wohl, sie sei was Besseres!* Und schon vollzieht das eben noch harmoniefreudige Team eine Exkommunikation aus der Gruppe, die man diesen sonst so professionellen Frauen gar nicht zugetraut hätte. Es ist *gerade* die persönliche Vertrautheit, aus der eine Waffe geschmiedet wird.

Ich erlebe es immer wieder, dass Frauen in Führungspositionen gelangen, ohne es selbst offensiv gewollt zu haben. Sie nehmen den Aufstieg zunächst als verdiente Anerkennung ihres großen Engagements an. Sobald sie aber verstanden haben, was es bedeutet, Entscheidungen auch dann durchzusetzen, wenn es viele Mitarbeiterinnen überhaupt nicht gut finden, ändert sich das oft. Spätestens, wenn sie auf die ersten hinter ihrem Rücken in Umlauf gebrachten Gerüchte stoßen oder merken, dass ihnen absichtlich Informationen vorenthalten werden, wächst ihre Sehnsucht, lieber wieder zurück ins Glied zu gelangen. Da kann man dann, wie früher, wieder viel arbeiten, wieder weniger verdienen, aber dann wird man wenigstens nicht von den anderen Frauen angefeindet.

Obwohl immer mehr Frauen in Organisationen ganz hervorragende Leistungen erbringen, stellt Chesler fest, dass sie die Konkurrenz anderer Frauen als »nicht nur gefährlich, sondern auch dämonisch« empfinden, und darum wird oft einfach abgestritten, dass es so etwas wie Konkurrenz unter den Kolleginnen überhaupt gebe. Auch wenn Außenstehende sofort erkennen, dass diese Verdrängung eine reine Fiktion ist. Wer mehr weiß, weiß eben mehr. Wer schneller bessere Eckdaten erreicht, hat eben die besseren Eckdaten. Wer sich beim Kunden durchsetzt, hat sich eben durchgesetzt – und andere nicht. *Das ist kaum auszuhalten!* Und darum wird auf gar keinen Fall darüber geredet.

Es klingt wie eine Zumutung, wenn Chesler formuliert: »Viele Frauen verlangen von ihren weiblichen Arbeitgebern eine bemutternde Führung [»nurturing leadership«] – viel mehr als visionäre oder effiziente Führung«, aber genau diese Ansprüche auf Bemutterung sind verbreitet und werden weitgehend idealisiert. Ich habe schon mehr als einmal erlebt, dass eine weibliche Führungskraft aus allen Wolken fiel, als ich sie darauf hinwies, dass ihr Führungsstil der einer Mama sei – nicht der einer finanziell und rechtlich verantwortlichen Chefin.

Chesler geht mit ihren Geschlechtsgenossinnen hart ins Gericht: »Sexismus durch Frauen bedeutet nicht nur, dass Frauen sich gegenseitig nicht mögen oder heruntermachen. Er bedeutet auch, dass Frauen von anderen Frauen erwarten, unrealistische Familien- oder Phantasiebedürfnisse zu befriedigen.«

Vor dem Hintergrund dieser Ansprüche wird einerseits ein viel zu naives Vertrauen verteilt, das im Geschäftskontext völlig deplatziert ist, ja ruinös werden kann. Andererseits wird mit dem Missverständnis von Mitarbeiterinnen als Pseudo-Familie auch bei Chefinnen ein derartige moralische Bringschuld erzeugt, dass sie nur mit permanent schlechtem Gewissen ihre Arbeit machen können.

Und wenn die Chefin den Erwartungen an eine gütige Mama oder eine zugewandte ältere Schwester nicht entspricht, muss sie mit sehr spezifischem Widerstand rechnen. Denn, so Chesler, »die meisten Frauen haben ein Repertoire an Techniken, mit denen sie andere weibliche Gruppenmitglieder schwächen, desorientieren, demütigen oder vertreiben können. Eine Frau wird selten eine andere Frau physisch niederschlagen. Stattdessen wird sie Schweigen als ein Mittel einsetzen, um die Gegnerin aus der Fassung zu bringen oder deren Selbstzweifel zu schüren. Die Aggressorin wird der Frau im Fadenkreuz jeden Blick verweigern, wenn sie spricht, nie mit ihr in den Dialog treten, nicht zuhören, wenn sie etwas sagt. Sie wird sich unmerklich, aber kontinuierlich einer bevorzugteren Frau in der Gruppe zuwenden, um die angezielte Frau am Ende unsichtbar zu machen – sogar für sich selbst. Der Schlüssel zur Macht dieser Aggressorin ist die fehlende Bereitschaft der Gruppe, das anzusprechen, was sie gerade tut, oder sie zu stoppen.« Wie sagte eine berühmte amerikanische Feministin? »Schwesternschaft ist machtvoll – sie kann Schwestern töten.« (Ti-Grace Atkinson) Und darum sollte sich eine Chefin auch bewusst sein, wer sie im beruflichen Kontext ist: Nämlich nicht zuerst eine Schwester, sondern eine Chefin.

Noch einmal kurz zurück zu den sieben pubertierenden Mädchen von Hustvedts Roman. Als sich die Wortführerin der sechs Intrigantinnen für ihr Verhalten rechtfertigt, gibt sie dem Opfer den Rat, mit welcher Selbsthaltung die Angegriffene das alles hätte durchstehen können. Für die Täterin ganz einfach: »Wäre ich nicht so ein Waschlappen gewesen, hätten die Mädels mir gar nichts anhaben können.« – Was meint sie damit? Wahrscheinlich einfach nur so etwas wie die Haltung einer inneren Unabhängigkeit. Die Mythologie einer horizontalen Kommunikationswelt besteht ja vor allem aus der Idee, dass ein Mensch nur dann ein sinnvolles Leben leben kann, wenn er bzw. sie sich in eine ganz bestimmte Gruppe eingliedert. Die Kehrseite davon ist die Furcht, dass es überhaupt kein Leben in anderen Gruppen geben könnte als in der, in der frau sich jetzt gerade aufhält. Diese Furcht kann bis zu so etwas wie einem »Konsens-

Terror« gehen. (Patai) Wer aber von sich selbst weiß, dass man so liebenswert, kenntnisreich, intelligent ist, dass man von der aktuellen Gruppe nicht wie eine Drogenkranke abhängig ist, wird weniger angreifbar. Damit hat man genug Gründe für eine Art eigene Souveränität.

Deshalb ist es auch so entscheidend für Mobbingopfer – dazu können ebenso Führungskräfte zählen –, dass sie außerhalb einer zerstörerischen Berufssituation noch andere Bezugsgruppen haben, in denen sie fraglos anerkannt werden. Das Mindeste, was sich weibliche Führungskräfte leisten sollten, wenn sie von Mitarbeiterinnen oder Kolleginnen belagert werden, ist ein weiblicher oder männlicher Coach. Oft genügt es aber auch, wenn sich eine Chefin, die so schmerzhafte Probleme mit einem bestimmten Gruppensetting hat, ein gerütteltes Maß Selbstbestätigung in einem außerbetrieblichen Bereich besorgt, sei es im wöchentlichen Jazz-Chor, im Yoga oder beim Boxen, im Umgang mit Tieren oder was auch immer. Etwas, bei dem es um den Körper geht, um den Atem, um Rhythmus, vielleicht um Kunst – jedenfalls nicht um nur intellektuelle Reflexion – und um ganz andere Menschen als die beruflich Gewohnten. Die Gruppe sollte übrigens auch eine andere sein als »bloß« die eigene Familie.

## Die Chefin von Frauen

Es gibt ein paar handwerkliche Regeln, die Chefinnen gegenüber Mitarbeiterinnen beherzigen sollten (gerade wenn sie selbst aus deren Kreis entstammen), damit es keine mobbingähnlichen Reaktionen gibt:

1. Jede Mitarbeiterin muss regelmäßig Gelegenheit zum Einzelgespräch haben. (Das ist bei vielen Männern nicht so wichtig.)

2. Die Gründe für geschäftliche Maßnahmen müssen für alle Beteiligten ebenso transparent sein wie auch die Kriterien für die Beurteilung von Arbeitsleistungen.

3. Die Leistungen der Mitarbeiterinnen müssen regelmäßig überprüft und beurteilt werden, ohne Ansehen der Person. Eine berechtigte Kritik muss in der Regel mit der Würdigung von etwas anderem verbunden werden, was die Mitarbeiterin gut macht.

4. So etwas wie freundschaftlich vergebene Privilegien an Einzelne sollte es nicht geben. Ganz besonders nicht wiederholte intensive Zweiergespräche mit immer derselben Mitarbeiterin (von der sich die Chefin so gut verstanden fühlt).

5. Die Bedürfnisse der Mitarbeiterinnen, von ihrer Chefin mütterlich oder schwesterlich umsorgt zu werden, kann keine Chefin der Welt ganz befriedigen. Mit dem Gefühl, diesem Bedürfnis nie zu genügen, muss eine Chefin leben.

6. Wenn es ganz hart kommen sollte, muss eine Chefin auch bereit sein, die Reißleine zu ziehen und sich von einer Mitarbeiterin zu trennen, die gegen sie arbeitet. Natürlich erst, wenn alle anderen Mitteln ausgereizt sind. Leider kommt es immer wieder vor, dass eine intrigante Gruppe erst dann zur Vernunft kommt, wenn jemand gehen muss.

Kapitel 11

# Das Tor zu den Aliens
oder: Wie man sich Zutritt zu Männergruppen
verschafft

# Bonding und Fußball

Es ist schwer zu beschreiben, was genau passiert, aber wenn man mittendrin ist, weiß man sofort, um was es geht. Da ist eine Gruppe von Männern zusammen, und sie tun etwas gemeinsam, was auf kaum definierbare Weise ihr Zusammengehörigkeitsgefühl steigert. Wer die Signale nicht versteht, fühlt sich schnell ausgeschlossen. Oft ist das aber ein Missverständnis, weil nur gerade ein Wechsel auf vertikale Kommunikation stattgefunden hat, die die Männer vorerst nicht wieder verlassen wollen. Wer bereit ist, dort unkompliziert einzusteigen, ist oft willkommen. Wer das nicht ist, sollte allerdings auch besser wegbleiben. Das ist in reinen Frauengruppen gar nicht grundsätzlich anders.

Hier wieder ein Fall aus der Praxis: Frau Reiser war Geschäftsführerin eines mittelständischen Unternehmens und bekam immer wieder mit, wie einer ihrer (männlichen) Kollegen aus einer Konkurrenzfirma Geschäftspartner in die VIP-Lounge eines Bundesligavereins einlud. Sie konnte beobachten, wie erfreut diese eingeladenen Geschäftspartner darüber waren. Frau Reiser selbst hatte nicht das geringste Interesse an Fußball und fragte sich, ob sie über diese Einladungen zum Fußballspiel nicht weiter nachdenken müsse oder ob sie sich in einem Fortbildungsseminar zum Thema Fußball die Kenntnisse antrainieren sollte, die am Ende offensichtlich auch eine geschäftliche Relevanz hatten.

Natürlich könnte sich Frau Reiser problemlos in diesem Fußballkontext (oder in anderem Sport-Zusammenhang) bewegen. Sie sollte sich allerdings davor hüten, Kenntnisse vorzutäuschen, die sie nicht hat. Es gibt ein paar Sachverhalte, die noch nichts mit der übermäßigen Begeisterung von Hardcore-Fans zu tun haben und die man einfach deshalb wissen sollte, weil sie zur Allgemeinbildung gehören. Zum Beispiel sollte Frau Reiser verstehen, wann es eine Ecke gibt oder was ein Einwurf ist. Zumindest sollte sie die grundlegenden Ziele und Regeln eines solchen Spiels kennen. Dass da unten auf dem Platz zweimal elf Leute darum kämpfen, Tore zu schießen, sollte Frau Reiser wissen – und nicht als etwas Kindisches abtun. Ebenso sollte ihr bekannt sein, dass es eine erste und zweite Bundesliga gibt. Den aktuellen Tabellenstand muss sie schon nicht mehr kennen. Im Übrigen ist es auch in Ordnung, wenn Frau Reiser mehr über Frauen- als über Männerfußball weiß.

Falls man nicht sowieso ein persönliches Interesse an solch einem Sport hat, rate ich dazu, das Ganze aus einem wohlwollenden ethnologischen Blickwinkel zu betrachten: Da gibt es einen Stamm, der ein tiefes Interesse an einem persönlich merkwürdig erscheinenden Riten hat – und dann lässt man sich eben unvoreingenommen darauf ein. Was man auf gar keinen Fall tun sollte: die Riten dieses Stammes süffisant oder karikierend herunterzumachen. Das kann bei den Stammesmitgliedern zu sehr schroffen Reaktionen führen.

Im Grunde ist es – nicht nur für Frau Reiser – eine Frage des Zielgruppen-Marketings: Wenn man eine Zielgruppe erreichen möchte, muss man wissen, an welchen ihrer Bedürfnisse man andocken kann. Und wenn man von einem männlichen Geschäftspartner weiß, dass er an Fußball interessiert ist, dann muss einen doch nichts hindern, ihn dort abzuholen. Warum nicht an so etwas herangehen mit der Einstellung eines Kölner Karnevalisten: »Jeder Jeck is' anners«?

Es gibt übrigens durchaus Vertreter eines horizontalen Stiles, die es völlig problemlos schaffen, sich auf solch ein vertikales Setting einzustellen. Die Abteilungsleiterin, die sich souverän in der Gruppe von geschäftlichen Fußball-Aficionados bewegt, muss aber damit rechnen, dass sie von Kolleginnen, denen das nicht gelingt, im besten Fall beneidet wird. Im schlimmsten Fall wird sie dafür abgestraft. Da kann das Motto nur heißen: Krone richten – weitergehen.

Es gibt aber noch eine weitere Situation, die Klientinnen immer wieder als problematisch empfinden.

## Einen trinken gehen

Sie kennen bestimmt diese Situation: Der offizielle Teil einer Fortbildung, einer Verhandlung oder eines Business-Meetings ist vorbei. Man hat sich auf die eine oder andere Weise im offiziellen Rahmen kennengelernt und ein bisschen Witterung aufgenommen. Und nun kommt »der gemütliche Teil«. Man sitzt an der Bar oder in einem Restaurant und trinkt noch etwas.

Vielen Männern geht es bei solchen Zusammenkünften um zwei Dinge, nämlich

a) um eine für sie angenehme Gruppensituation oder/ und

b) um einen Spielrahmen, in dem hierarchisch bedeutsame Signale ausgetauscht werden können.

Es ist, anders als viele Frauen glauben, für Männer grundsätzlich nicht unangenehm, wenn bei solch einem Treffen auch Frauen anwesend sind. Es gibt nur ein paar Regeln, die Frauen dabei beachten müssen:

- Zum einen muss man sich nicht genauso betrinken, wie es andere tun. Es ist durchaus in Ordnung, wenn man lange Zeit bei einem einzigen Glas Wein oder O-Saft sitzt.
- Bei der Frage des Alkoholkonsums wie bei manchen anderen Themen an so einem Abend entscheidet sich alles an der inneren Haltung. Diese sollte von einer furchtlosen Souveränität sein, bloß nicht im Sinne der Botschaft: »Entschuldigung, dass ich hier jetzt störe.« In diesem Kreis ist grundsätzlich jeder willkommen, der sich seinen Platz *nimmt*. Das ist ein bisschen anders als in einer Umgebung, die nur aus horizontal Kommunizierenden besteht und wo man auch damit rechnen muss, dass man von anderen offensiv und im persönlichen Interesse ausgefragt wird. Man kann dann dabeibleiben oder auch nicht. Firmenpolitisch ist das hier jetzt eine Chance, aber wenn man sich in solch einem Setting immer nur unwohl fühlt, dann sollte man es lieber lassen. Es gibt auch andere Chancen.
- Im vorliegenden mehrheitlich männlichen Umfeld muss man sich selbst aktiv einbringen und beteiligen, sonst gerät man schnell an den Rand. Sich einbringen bedeutet allerdings nicht, dass man das mit einem

Wortschwall tun sollte. In einem solchen Kontext ist es auch nicht nur ganz normal, sondern geradezu zu erwarten, dass sich Leute ihrer persönlichen Leistungen rühmen. Auch wenn das viele Frauen mit dem Hintergrund einer horizontalen Kommunikationskultur als eher störend empfinden – an solch einem Abend wird das als völlig in Ordnung betrachtet. Ein bisschen Aufschneiderei wird in diesem Rahmen auch verziehen! Vor allem dann, wenn jemand sehr Ranghohes (der CEO, der Head of Marketing, der wichtigste Geldgeber o. Ä.) am Tisch sitzt.

– Es kann auch vorkommen, dass an diesem Abend der eine oder andere sexuell aufgeladene Witz erzählt wird oder sogar Witze auf Kosten von Frauen gemacht werden. Mit so etwas sollte man von vornherein rechnen und bereit sein, einen freundlichen Kampfhandschuh anzuziehen – auf einen frauenfeindlichen Witz in solch einer Runde sollte man nicht mit empörter, politisch korrekter Zurückweisung reagieren (sonst ist man die Stimmungskillerin und mittelfristig auch die Unterlegene), sondern mit einem männerfeindlichen Witz. *Doch, es gibt sie!* Man findet sie am ehesten mit einer englischsprachigen Recherche im Internet. Solche Witze muss man genauso im Repertoire haben wie ein paar fremdsprachige Begrüßungsworte im Ausland.

– Ein ganz heikles Thema sind in diesem Zusammenhang Übergriffe von Kollegen oder von Vorgesetzten, die neben einem sitzen. Hier gilt die Regel: Flüchten ist schädlich! In dem Kontext, in dem Sie sich gerade befinden (wenn Sie die Augen aufhaben, werden Sie das von alleine merken), sind körperliche Berührungen naheliegend – auch unter Männern und auch unter denen, die sich eigentlich fremd sind. *Keine Panik!* Ich habe immer darauf hingewiesen, und das mache Ich jetzt wieder, dass Berührungen zwischen Frauen und Männern im betrieblichen Kontext (und auch an solch einem alkoholisierten Abend) grundsätzlich erlaubt sind. Es ist die Stärke und die Eindeutigkeit der Berührung, die darüber entscheidet, ob eine Berührung erotisch missverstanden oder ob sie als akzeptierte Distanz-Waffe identifiziert wird. Damit es zu keinen Missverständnissen kommt, ist beispielsweise folgende Berührung methodisch einsetzbar: Die eigene Hand berührt die fremde Schulter (etwa im Sinn eines Wegschiebens). Dabei sollte beachtet werden, dass

a) diese Berührung langsam erfolgt,

b) mit einem souveränen, bei Bedarf eisernen Lächeln (*nicht* mit einem Flirt-Lächeln! Das ist ein sehr großer Unterschied!),

c) in einer Berührungsstärke, die sehr kräftig ist und in keiner Weise so sanft, wie man es bei einer Frau tun würde.

Ein Beispiel: Kollege A sitzt neben Frau B. Es ist 23 Uhr. Kollege A ist bereits leicht angetrunken, Frau B ist noch nüchtern. Kollege A will näher an Frau B heranrutschen und macht anzügliche Bemerkungen. Mögliche Reaktion: Frau B hebt ihre rechte Hand, legt sie dem Kollegen A auf die Schulter, erhöht langsam den Griff-Druck (so dass Kollege A es deutlich spüren muss) und sagt ihm

überlegen grinsend und sehr langsam: »Herr Kollege A –
wir reden jetzt lieber über die Bundesliga.« Oder: »Herr
Kollege, Sie sind mein Kollege … mehr nicht.« Oder
»Kennen Sie eigentlich die Geschichte von dem Mann
mit dem Frosch auf dem Kopf?«

Viel weniger wichtig als der tatsächliche Inhalt des
Gesagten ist dabei die Tonlage, die Lautstärke, die Körperhaltung und der Geist, mit dem man seine Botschaft
der Abgrenzung vorbringt. Es ist sehr wahrscheinlich – gerade bei leicht Alkoholisierten –, dass man
dieselbe Botschaft mehrmals in kurzen Abständen wiederholen muss, bis der Kollege (dessen Wahrnehmung
neurologisch tatsächlich beeinträchtigt ist) merkt, dass
er hier gerade auf Abstand gebracht wird. Manche Frau-
en glauben fälschlich, sie müssten in so einer Situation
möglichst viele Worte machen und auch noch geistreich
sein. Das ist ein schwerer Irrtum. Man sollte sich gerade in solch einer Situation nicht schämen, mehrmals
in deutlicher und langsamer Sprache denselben Satz zu
sagen, bis der Betreffende wieder auf Distanz gebracht
ist.

## Die Zugbrücke

Wenn Männer in kleinen Gruppen zusammenstehen,
etwa bei Sitzungsunterbrechungen oder in den Pausen
großer Veranstaltungen in einem Foyer, haben viele
Frauen das Gefühl, um die Männer herum sei eine un-
sichtbare Hürde aufgerichtet worden, und sie hätten es

besonders schwer, sie zu überwinden und Anschluss zu finden.

Schon in einem so kleinen Setting zeigt sich die Wirksamkeit der beiden Achsen aus Rang- und Revierbotschaften (siehe S. 22). Wenn etwa Männer in kleinen Gruppen an einem halbhohen Tisch zusammenstehen, haben sie sich bereits ein kleines Revier geschaffen. In dieser Situation kann man nur in ihren Kreis gelangen, wenn man bei den Revierinhabern (auch wenn dieses Revier nur vorübergehend besteht) rituell die Erlaubnis einholt, dieses Mikro-Territorium betreten zu dürfen. *Rituell* – das heißt nicht, dass man die Gewährung dieser Erlaubnis auch tatsächlich abwarten muss. Nur sollte zu Beginn einer Annäherung die Frage formuliert werden, auch wenn sie nur pro forma gestellt und auch nur pro forma, wie beiläufig, beantwortet wird. Wenn man auf diese rituelle Erlaubnis verzichtet, kann man sich natürlich trotzdem dazustellen, aber man wird sehr wahrscheinlich schweigend ausgegrenzt werden. Dann steht man zwar da, aber die Männer am Tisch reden über etwas anderes und tun so, als sei man Luft.

Die rituelle Territorialfrage ist also eigentlich keine echte Frage, sondern eher ein Zeichen des Respekts: *Ich sehe, dass ihr da euer Revier habt und das erkenne ich an.* Und eigentlich ist es nur eine bestimmte Form von Höflichkeit, die sich eben vertikal-spezifisch äußert.

Typischerweise beginnt eine Revier-Interaktion im vertikalen System nicht erst dann, wenn man den Tisch bzw. die Kleingruppe räumlich tatsächlich erreicht hat, sondern schon ein bis zwei Meter vorher. Da fängt das Revier nämlich bereits an.

Stellen wir uns konkret eine Szene in der Pause eines Kongresses von Physikern vor. Gerade eben hatte man den Referenten gelauscht, nun standen kleine Gruppen an Bistrotischen zusammen, tranken Espresso und machten Smalltalk. Eine junge Wissenschaftlerin, Frau Dr. Eldinger, die sonst niemanden kannte, begab sich vorsichtig an einen der Tische, grüßte kurz und hoffte, ins Gespräch gezogen zu werden. Leider wurde sie aber ignoriert und stand dort herum wie bestellt und nicht abgeholt.

In einem Seminar erzählt Frau Dr. Eldinger von ihrer Frustration, da sie solche Szenen auf Kongressen schon mehrfach erlebt hat, und wir üben mit mehreren Sparringspartnern, was sie anders machen könnte. Ich erinnere an die beiden Kommunikationsachsen der Männer – da muss also etwas vorkommen, was mit Revier und mit Rang zu tun hat. Wie es nicht funktioniert, weiß Frau Dr. Eldinger, deswegen geht sie bei der Nachstellung unserer Szenen von Anfang an anders vor. Den drei Männern, die sich mit ihrem Kaffee auf den Bistrotisch stützen, nähert sie sich aufrecht, mit direktem Augenkontakt. Kurz bevor sie am Tisch steht, fragt sie laut: »So, meine Herren, ist noch Platz an Ihrem Tisch?« (Obwohl jeder sehen kann, wie viel Platz noch frei ist!) Zustimmendes Gemurmel. Jetzt stellt sie sich mit ihrer Tasse dazu, begrüßt die Herren explizit und präsentiert sich auch mit ihrer beruflichen Funktion (!), keinesfalls nur mit ihrem Namen. Das finden die drei schon ganz gut. Aber irgendetwas stimmt noch nicht. Die Männer können jedoch nicht genau sagen, was es ist. Zweiter Versuch.

Frau Dr. Eldinger nähert sich wieder, spricht die kleine Gruppe aber schon ab einer Distanz von circa einem Meter fünfzig laut und freundlich an: »So, meine Herren …« Diesmal bekommt sie sogar eine explizite verbale Reaktion: »Ja klar, kommen Sie doch dazu.« Irgendwie finden die drei das noch besser. Während es Frau Dr. Eldinger selbst etwas unangenehm war.

Wenn man sich vorstellt, dass die Situation umgekehrt ist, wird die Pointe sofort deutlich. Drei Frauen am Tisch hätten nämlich ihre Runde allein als verbales Kommunikationsgeschehen verstanden. Wer dort als Unbekannter dazu möchte, muss in erster Linie verbal andocken können, vielleicht mit ein bisschen Charme, mit einem kleinen Witz. Ein Mann, der sich ihnen genähert hätte und in einem Abstand von einem Meter fünfzig laut angefangen hätte, mit ihnen zu reden »So, meine Damen …« wäre auf Befremden gestoßen. *Was will dieser Typ? Peinlich.*

Für die drei Männer am Tisch war die Situation aber anfänglich nur ein Revierstatement. *Hier stehen wir, das ist unser kleines Territorium. Wir sind in einer kleinen Burg, die Zugbrücke ist oben. Wer hier herein will, muss um Einlass bitten.* Dazu genügt es, die Burg zu würdigen. Und schon wird die Brücke heruntergelassen. Am Burgtor wird kontrolliert, ob die Person zum personellen Inventar der Burg passt – wenn jetzt die adäquate Rangbotschaft kommt (»Ich bin die Leiterin der Forschungsgruppe XY«), ist alles o. k. Jetzt (aber auch *erst* jetzt) kann es verbal angenehm werden. Die Achsen Rang und Revier sind ja angemessen bedient worden.

Das Design neuer Bürolandschaften ignoriert in der Regel ein unterschiedliches Raumverhalten der Geschlechter. Flache Hierarchien und vermindertes Rangverhalten sollen sich allein schon dadurch einstellen, dass niemand einen festen Arbeitsplatz hat und sich jeder morgens einfach einen Container für den Rest des Tages holt und sich irgendwo im Großraumbüro einen gerade freien Schreibtisch nimmt. In manchen Arbeitsbereichen mag das funktionieren. In vielen anderen ist der Flurschaden dieser innenarchitektonischen Naivität erheblich. Mein Eindruck ist seit Jahren, dass Männer in Großraumbüros von Anfang an unter erheblichem Revierstress stehen. Gerade weil ihr Bedürfnis nach einem eigenen kleinen Territorium so enttäuscht wird. Entweder machen das viele dadurch wett, dass sie sich an dem temporären Arbeitsplatz mindestens so territorial empfindlich verhalten *(Wer hat mir diesen Mist auf den Tisch gelegt?)* oder sie verstärken ihren Rangauftritt. Der wird noch dadurch angetriggert, dass im Großraumbüro der Bühnencharakter wegen der vielen Zuhörer und Zuschauer außerordentlich hoch ist. Insofern sind Großraumbüros rechnerisch zwar oft billiger als viele Einzelbüros, aber leider selten durchdacht im Hinblick auf die unterschiedlichen Konsequenzen für Männer und Frauen.

Natürlich wird das spezifische Verhalten niemals so minutiös reflektiert werden, wie es in freier Wildbahn abläuft. Aber so läuft es unter Malochern im Blaumann ebenso wie unter Professoren ab. Vertikale Leute sind Aliens. Doch wenn man ihre Sprache spricht, merkt man: Sie sind prinzipiell gutartig.

Kapitel 12

# Die Einfalt der Geschlechter
oder: Warum es ohne Mehrsprachigkeit nicht geht

## Jungs sind beschränkt. Mädels auch.

Jedes der beiden Geschlechter ist naiv. Viele Männer gehen unreflektiert davon aus, dass es auf Erden nur eine einzige Kommunikationswelt gebe, nämlich ihre, Modell »Ballern am Bildschirm«. Viele Frauen verhalten sich, obwohl sie glauben, grundsätzlich extrem kommunikationsstark zu sein, ebenso naiv, weil auch sie davon ausgehen, dass ihre geschlechtlichen Kommunikationsmuster planetar die einzigen seien, Modell »Freundinnen unter sich«. Noch bevor sich die Beteiligten über moralische Fragen in die Haare geraten, etwa über die gerechte Bezahlung, sollten sie zuerst ihre Naivität aufgeben. Ihr jeweiliges Modell der Kommunikation können sie nicht ungestraft bei allen Menschen voraussetzen. In allen meinen Seminaren wiederhole ich darum stur und unoriginell immer wieder meine Überzeugung, dass Führungskräfte – weibliche wie männliche – prinzipiell zweisprachig sein müssen. Je nach Bedarf sollten sie umschalten können auf eine horizontale Sprachwelt oder auf eine vertikale.

Es gibt mehr Übergänge und Grauzonen, als ich im Rahmen dieses Buches detailliert darstellen könnte. In manchen Berufskontexten kommt es auch zu auffallenden Mischformen. Zum Beispiel ist auch unter männlichen Technikern die Haltung verbreitet, nicht über die eigene Leistung sprechen zu wollen, weil viele von ihnen davon ausgehen, dass sich ihre Kompetenz schweigend und wie von allein erklärt. Mit dem Effekt, dass dann auch viele als Führungskräfte geeignete Techniker keine Karriere machen. In dieser Hinsicht kommunizieren sie also horizontal, während sie ansonsten ausgesprochen vertikale Muster bevorzugen.

Eine sprachbewusste Führungskraft sollte aber in jedem Fall zunächst verstehen, in welchem Rahmen gerade kommuniziert wird, und sich dann darauf einstellen. Und zwar aus einem einfachen Grund, der für einen beruflichen Kontext zentral ist: Weil es dann besser funktioniert. Wir sind mit diesem Thema noch gar nicht auf der Ebene der Moral angelangt, sondern immer noch auf der des Werkzeugs. Gerade deshalb sind auch viele männliche Führungskräfte durchaus bereit, sich auf das Thema unterschiedlicher Sprachsysteme einzulassen. Nicht etwa, weil sie gern einmal ein abstrakt formuliertes Genderinteresse durchdiskutieren würden, sondern weil sie ein Interesse daran haben, dass der Arbeitsbereich, für den sie verantwortlich sind, effizient funktioniert. Wenn dafür das Umschalten auf ein anderes Sprachsystem nötig ist: Na gut, dann wird eben umgeschaltet.

Manche Frauen empfinden diese rein pragmatische Motivation als nicht ausreichend. Ich schon. Ich habe genug Gendertrainings in Organisationen und Firmen beobachtet, um wahrzunehmen, wie bei vielen männlichen Führungskräften der Vorhang in Sekunden herunterrauscht, wenn auch nur die Vokabel »Gender« fällt. Da ist die Schublade der Irrelevanz bereits herausgezogen, und man sollte sie nicht auch noch freiwillig füllen. Das Verhalten ist aber völlig anders, wenn dasselbe Anliegen – ohne die Vokabel mit dazugehörigen Subvokabeln – in den Kontext beispielsweise von »Leistungssteigerung« und »Effizienzverbesserung« gestellt wird. Dann gibt es zumindest so viel Interesse an diesem Thema wie bei der Einführung einer neuen Technik, damit die Konkurrenz nicht davonzieht. *Wenn's damit besserläuft, machen wir das.*

Natürlich ist das dann im konkreten Einzelfall nicht so einfach, wie es sich anfänglich angehört hat. Immerhin geht es um das Erlernen einer Fremdsprache mit allen Rückschlägen, die dabei vorherzusehen sind. Und, nicht verwunderlich in einem vertikalen System, die obersten Chefs haben dabei eine ausschlaggebende Rolle. Die meisten Männer registrieren nämlich sehr genau, ob diese Chefs es tatsächlich für sinnvoll halten, auf das jeweils andere System umzuschalten, oder ob sie nur die eine oder andere korrekte Vokabel im Gepäck haben, ansonsten aber Frauen nicht respektieren oder beinhart ausschalten. *Der Chef macht's vor, dann ziehen wir mit.* Das fängt bei den Bewegungsmustern an, wenn Chefs beispielsweise mit ihrer breitbeinigen Sitzhaltung in Besprechungen derart auf ihre primären Geschlechtsorgane hinweisen, dass eine horizontale Kommunikation bereits von Anfang an desavouiert wird. Unerzogene Jungs mit gespreizten Schenkeln im Drehstuhl sind nicht subtil.

Ich kenne inzwischen den Vorwurf ganz gut, wie ungerecht es sei, dass Frauen den Kommunikationsstil von Männern lernen sollten. Den Vorwurf kann ich sehr gut nachvollziehen. Als solcher ist er aber nicht ganz richtig. Zunächst ist er auch ein Reflex der unzutreffenden, aber verbreiteten Annahme, derzufolge Frauen die wahren Meisterinnen der Kommunikation seien, während Männer in dieser Hinsicht so etwas wie einen Defekt haben. Norah Vincent hat nach ihrer Erfahrung als Undercoveragentin im vertikalen Land dazu festgestellt: »Vielleicht leiden wir Frauen … an der eigenen Überheblichkeit. Wir halten unsere emotionalen Fähigkeiten für vollkommen … Männer, meinen wir, sind dazu nicht in der Lage … Das ist absolut unwahr, ja absurd … Zu den großen kollektiven Fehlern von uns Frauen gehört die Annahme, was wir nicht wahrhaben könnten, sei einfach nicht da, und was in unserer Sprache nicht kommuniziert werde, sei keine verständliche Aussage.« Wenn man dieses vertikale System aber von innen betrachte, so Vincent, »kommt man sich vor, als würde man plötzlich Geräusche hören, die sonst nur Hunde hören können« – weil sie sich nämlich auf Frequenzen mitteilen, die für Nicht-Hunde kaum wahrzunehmen sind. Ich begegne immer wieder Klientinnen, die es geradezu als Kränkung empfinden, dass auch Männer zu virtuoser Kommunikation fähig sein sollen. *Die sind zu doof zum Reden.*

Selten in Gruppen, aber immer wieder unter vier Augen gestehen mir männliche Chefs regelmäßig, wie ratlos sie sich manchmal gegenüber Kolleginnen und Mitarbeiterinnen fühlen. Sie wollen gerecht sein, also halten sie bei allen dieselbe professionelle Distanz ein. Das Ergebnis ist aber oft, dass die männlichen Mitarbeiter Respekt haben, die Mitarbeiterinnen sie aber als kalt, herzlos oder maschinenhaft empfinden. Natürlich haben das diese Chefs überhaupt nicht so gemeint! Der Abteilungsleiter, der von einer Mitarbeiterin so begeistert war, dass er ihr eine schnellstmögliche Beförderung anbot, war zutiefst frustriert, als sie wenige Wochen später kündigte. Sie hatte im Gespräch mit ihm ihre Zweifel ausgedrückt, ob sie fachlich gut genug für den Job sei. Er war auf diese Zweifel nicht eingegangen, weil er diesen Impuls bei ihr nicht noch verstärken wollte. Von ihrer Qualifikation war er aber zutiefst überzeugt gewesen, also hatte er ihr Bedenkzeit angeboten. Nachdem sie gegangen war, hörte er, dass sie überall erzählt hatte, er hätte ihre Leistung nicht gewürdigt. Sehr wahrscheinlich nur, weil er ihr nicht direkt widersprochen hatte, als sie Zweifel an sich äußerte.

Beide Seiten sind kompliziert. Beide Seiten sind einfach. Leider ist es inzwischen nicht mehr selbstverständlich, bei der Betrachtung der unterschiedlichen geschlechtlichen Sprachsysteme auf Wertungen zu verzichten. Dennoch besteht der wichtigste Schlüssel für eine gelingende Arbeitsbeziehung zwischen horizontalem und vertikalem System genau in der Tatsache: Das eine ist nicht besser als das andere. Es ist auch nicht schlechter. Nur anders. Jedes. Anders. Das Urteil, das eine feministische Forscherin über Frauen gesprochen hat, gilt auch für Männer: »[Sie] können ganz genauso mutig und feige sein, großzügig und selbstsüchtig, gedankenvoll und begriffsstutzig, einsichtig und abgestumpft sein wie die andere Hälfte der menschlichen Rasse.« (Daphne Patai)

Dass wir politisch und wirtschaftlich in einer Schieflage sind, was weibliche Führungskräfte angeht, ist allgemein bekannt. Der Anteil von Frauen in solchen höheren Positionen ist skandalös niedrig. Das ist nicht nur ungerecht, es ist auch wirtschaftlich ausgesprochen schädlich. Meine Arbeit ist in diesem Kontext nur ein

kleiner Schritt, allerdings ein bewusster und ein par-
teiischer. Mehr als diesen kleinen Schritt kann ein einzelner Unternehmensberater allerdings auch nicht tun.

## Die Verständnisfalle

Ein spezieller Hinweis zu einem Thema, bei dem sich der
politisch korrekte Anspruch von weiblichen Führungskräften oft als Stolperfalle herausstellt: die vermeintliche
Notwendigkeit, mit Männern aus einem anderen Kul-
turraum in ganz besonderer Weise umzugehen.

Es gehört zum Alltag in Organisationen, dass Chefinnen auch in belastende Konflikte mit Männern rutschen,
die ihnen alles abverlangen. Manchen fällt erst dann auf,
dass der vertikal kommunizierende Konfliktpartner (obwohl er hervorragend deutsch spricht) aus Kasachstan,
dem Irak oder einem anderen exotischen Land kommt,
also irgendwoher, wo hiesig Geborene schlimmste biographische Vorerfahrungen oder völlig abweichende
kulturelle Standards vermuten.

Aber wir befinden uns mit diesen Konfliktlagen nicht
in einem gutgemeinten Integrationsprojekt oder in einer Gruppe zur Traumabewältigung (so sinnvoll und
berechtigt diese Gruppen und Projekte an sich sind).
Vielmehr bewegen wir uns in einem beruflichen, in einem wirtschaftlichen Kontext. In diesem Bereich ist zu
Recht das bestimmte Interesse vorherrschend, eine gute
professionelle Leistung zu einem bestimmten Preis her-
vorzubringen. – So nüchtern hätte ich das gern im Fol-

genden verstanden. Darum sollte es so etwas wie einen »Migrantenbonus« (gerade in Führungspositionen) am besten gar nicht geben. Der Abteilungsleiter, der aus Syrien oder aus Serbien kam, wird völlig zureichend daran gemessen, ob er ein guter Abteilungsleiter ist, nicht an seiner Herkunft. Die Chefärztin, die ursprünglich aus der Ukraine stammt, sollte danach beurteilt werden, ob sie eine angemessene medizinische und führungstechnische Leistung erbringt, nicht an ihrer alten Heimat. Wenn man einer Führungskraft irgendeinen besonders sozial gemeinten »Ausländervorteil« unterschiebt, ist das für viele Mitarbeiter ebenso wenig respekterzeugend wie etwa die Information, dass eine Chefin mit dem Vorstand ins Bett geht. In Wirklichkeit ist so etwas alles andere als ein Vorteil. Es ist ein lähmendes Bleigewicht.

Man muss diese banalen Zusammenhänge leider explizit aussprechen, weil gerade Frauen in Führungspositionen immer wieder in eine Art Verständnisfalle tappen: Sie sehen, der arme Kerl spricht deutsch mit einem Akzent, hat bestimmt schlimme Erfahrungen in seinem Herkunftsland hinter sich und auch noch ein religiöses Bekenntnis, das ihn zur Minorität macht … Da ist doch ein besonderer Vorschuss an Wohlwollen oder Zuwendung angebracht! Auch wenn er in Wirklichkeit genauso übergriffig oder gar beleidigend auftritt wie Kollegen, die hier geboren wurden. Dieser Reflex ist eine Manipulationsfalle, die man sich selbst gräbt. Und zwar nicht nur gegenüber den Kontrahenten selbst, sondern mindestens ebenso gegenüber den den Konflikt beobachtenden anderen Männern.

Wenn eine weibliche Führungskraft mit einem männlichen Kunden, Kollegen, Mitarbeiter mit vermeintlichem Migrationshintergrund die Erfahrung von mangelndem Respekt bis hin zu Verachtung oder offenen Übergriffen macht, würde ich zwei Schritte der Reaktion unterscheiden, nämlich a) die direkte Gegenwehr und b) die Reflexion über die beteiligten kulturellen Faktoren mit dem Kontrahenten selbst. Ziemlich häufig ist es so, dass dieser zweite Schritt sehr schwer zu organisieren ist. Er kann nämlich ausschließlich unter vier Augen passieren und muss von jemandem kommen, den der Kontrahent fraglos respektiert. Das ist sehr oft eher ein Mann. Meine Erfahrung ist allerdings, dass der erste Schritt in den meisten Fällen schon genügt. Dazu das letzte Beispiel dieses Buches: Der Fall Heckenberg gegen Zicchetti.

## Ein Macho bei der Arbeit

Frau Heckenberg arbeitet bei einer renommierten Immobilienfirma. Sie ist eine voluminöse Frau mit kurzgeschnittenen Haaren, die allein wegen ihrer Körpergröße und ihrer Stattlichkeit einen enormen Eindruck macht, wenn sie einen Raum nur betritt; da muss sie noch gar nichts sagen.

Sie erzählt uns eine Szene, die ihr schwer auf dem Herzen liegt. Sie wollte gerade ihren Urlaub antreten, der gegenüber allen Kollegen und Chefs schon seit geraumer Zeit angekündigt war. Der Urlaub selbst war nicht einmal so lang, eine einzige Woche nur. Kurz bevor sie ging, brachte sie einen kleinen Stapel Vorgänge, mit denen sie nicht mehr fertig geworden war, einem Kollegen, der ihr fachlich, aber nicht personalrechtlich vorgesetzt war. Sie wollte ihn fragen, ob diese Vorgänge liegenbleiben könnten, bis sie wieder zurück sei, oder ob sie sie einer Kollegin zur Bearbeitung weitergeben solle. Der Kollege italienischer Herkunft, deutlich kleiner als sie, kam gerade von seiner Rauchpause, setzte sich auf seinen Stuhl, verschränkte die Arme hinter seinem Kopf und lehnte sich zurück. Aus dieser Position heraus machte er nun Frau Heckenberg zur Schnecke: Ob sie denn überhaupt nichts mehr auf die Reihe bekomme? Es sei eine Frechheit, ihm so etwas hinzulegen, kurz bevor sie gehe. Was ihr überhaupt einfalle? Sie habe ihm vorher zugesagt, dass sie fertig werden würde – da habe sie ihn also angelogen! Eine Unverschämtheit sei das! Aber das sei ja nicht das erste Mal. Frau Heckenberg kamen die Tränen. Ihr Kollege wurde noch gemeiner: Ja, ja, schlechte Arbeit machen und dann auch noch herumheulen! Frau Heckenberg wusste überhaupt nicht mehr weiter, legte irgendwo den Stapel Vorgänge ab und flüchtete in ihren Urlaub. – Was hätte sie anders machen können?

Wir stellen die Szene nach: Der Sparringspartner alias Zicchetti hat nicht das geringste Problem damit, den realistischen Ton gegenüber Frau Heckenberg zu treffen, sobald er sich in seinen Bürostuhl gefläzt hat. Zicchetti mault Frau Heckenberg an, wie es ihm gerade in den Sinn kommt, unsachlich, launisch, aggressiv. Frau Heckenberg nähert sich ihm schon von Anfang an fast wie auf Zehenspitzen, wie eine Bittstellerin, wie in Erwartung einer Bestrafung. Es sieht von vornherein geradezu wie eine Einladung für Herrn Zicchetti aus. Dabei ist der gute Zicchetti ja nicht einmal der Personalvorgesetzte von Frau Heckenberg, er hat ihr also nur in sehr eingeschränkter Weise überhaupt etwas zu sagen! Trotzdem hat Frau Heckenberg kaum den Mund aufgemacht, als sie auch schon von Zicchetti niedergebügelt wird; er weiterhin sitzend, sie vor ihm stehend. Es ist kaum auszuhalten, wie sich die physisch großen Raum einnehmende Frau innerlich vor diesem Knirps kleinmacht.

Ich spreche das an und ermutige Frau Heckenberg, weitgehend den Mund zu halten und ihren Körper die Arbeit der Kommunikation übernehmen zu lassen. Und ich rate ihr, auch noch explizit die aktuelle hierarchische Rollenverteilung zu erwähnen. Und plötzlich ändert sich die Situation grundlegend.

Beim letzten Anlauf geht Frau Heckenberg gelassen auf Zicchetti zu und bringt ihr Anliegen in einem einzigen Satz vor. Als Zicchetti wieder anfängt, über sie herzuziehen, unterbricht sie ihn nur kurz: »Du bist doch gar nicht mein Chef.« Zicchetti verstummt plötzlich, wie wenn man einer Marionette einen Faden abgeschnitten hat. Nun geht Frau Heckenberg an seinem Stuhl vorbei, bis sie genau auf seiner Höhe ist, dreht sich kurz um, schaut ihn mit ausdruckslosem Gesicht an und bleibt wortlos und massiv vor ihm stehen. Sie ist jetzt offensichtlich darauf eingestellt, sich in die Arena zu begeben. Doch von Zicchetti ist immer noch kein Wort zu hören. Ich unterbreche kurz und frage ihn, wieso er auf einmal derartig still sei? Doch Zicchetti alias der Sparringspartner hat Schwierigkeiten, auf meine Frage überhaupt zu antworten. Er sieht ganz so aus, als seien ihm sämtliche Felle weggeschwommen. Wir müssen mit dieser Szene überhaupt nicht mehr weitermachen. Jeder im Raum weiß, dass die Entscheidung über die liegengebliebenen Vorgänge von Frau Heckenberg getroffen wird. Zicchetti will schon gar nicht mehr mitreden.

Frau Heckenberg ist die Erleichterung anzusehen. Sie lächelt. »Aber …«, fängt sie an, spricht aber nicht zu Ende. *Ja*, ermuntere ich sie, *aber*? Dass Zicchetti sie so mies behandle, sei ja öfter vorgekommen, und sie würde sich immer überlegen, ob er denn überhaupt anders *könnte*? Ich verstehe nicht gleich. Na ja, er sei aus Italien und auch der Einzige in der Firma mit seiner Herkunft, und wahrscheinlich sei ihm ja auch vieles hier etwas fremd. Ich frage, wie lange Zicchetti denn schon in der Firma sei? Antwort: So ungefähr zehn Jahre.

Wir unterhalten uns ein bisschen über ihre Gedanken, weil sie nämlich so typisch sind. Die kommunikativen Werkzeuge, die Frau Heckenberg gegenüber dem Herrn mit dem irgendwie südlich klingenden Namen einsetzte, waren nicht originell anders als die, die sie gegenüber anderen Kollegen mit irgendwie nach Norden klingenden Namen hätte einsetzen können. Sie hatten ja auch funktioniert. Was aber anders war, war die spezifische Bremse, die Frau Heckenberg gegenüber Herrn Zicchetti empfand. Der war zwar gemein und verletzend zu ihr gewesen – aber trotzdem fing Frau Heckenberg an, während sie gedemütigt wurde, sich den Kopf zu zerbrechen, ob der Angreifer wohl irgendeine lebensgeschichtliche Beschädigung mit sich herumtrage, die sie verstehen müsste. *Der musste ja zum Macho werden, wo in seiner Heimat die Mütter ihre Söhne zu kleinen Prinzen verziehen* oder so ähnlich. – Eine leider unter weiblichen Führungskräften verbreitete Bremse. Die kann man sich in der aktuellen Situation aber sparen, weil es *aktuell* nur um die Abwehr eines unqualifizierten Angriffs geht. In eben dieser Sekunde ist auch jede integrationspolitische Überlegung nichts als Luxus. Ob ein Zicchetti in Sizilien tatsächlich unter einer schwierigen Kindheit gelitten hat oder nicht, ändert an der Gegenwehr von Frau Heckenberg gar nichts. Hier findet nämlich gar keine integrationspolitische Maßnahme statt, sondern nur ein betrieblich relevanter Akt (der am Ende natürlich eine tiefe integrative Bedeutung hat, aber das ist nicht seine erste Absicht).

Vielleicht kann es bei einer glücklichen Gelegenheit einmal ein klärendes Gespräch im Sinne von Schritt zwei geben. Nötig wäre es nicht unbedingt. Zicchetti wird im Übrigen seine Kollegin nach dieser Erfahrung vermutlich nicht besonders mögen. Das war aber vorher ziemlich sicher auch schon so.

Wer Führungsverantwortung trägt, hat inzwischen alltäglich mit fremden Kulturen zu tun. Darum ist so etwas wie interkulturelles Training schon allein aus wirtschaftlichen Gründen so sinnvoll. Das bedeutet allerdings in keiner Weise, dass die Errungenschaften der eigenen Kultur eilfertig zur Disposition gestellt werden sollten, sobald man mit fremden Geschäftspartnern oder mit Kollegen hierzulande zu tun hat, die von einer anderen Kultur geprägt sind. Gerade weibliche Führungskräfte müssen sich mit dieser Spannung auseinandersetzen. Es kann weder in ihrem Interesse noch in dem der Gesamtgesellschaft sein, wenn ein bereits erreichter Konsens über die gleichwertige Führungskompetenz von Frauen unter dem Vorwand zurückgenommen wird, dass man nun Rücksicht auf vermeintlich desorientierte Männer nehmen müsse, die aus anderen Kulturen kommen. Diese Männer sollen ja die Chance zur Integration haben – und gerade das bedeutet nicht, dass man ihnen untertänigst bei abträglichen Verhaltensweisen gegen Frauen recht gibt. Unheilvollen Bündnissen zwischen alten Sexisten hierzulande und eingewanderten Sexisten sollte man keinen Vorschub leisten. Auch nicht dadurch, dass man für sie so etwas wie Selbst-Manipulation durch politisch korrekte Ansprüche aufführt. Gerade weibliche Führungskräfte haben in der Arbeit mit eingewanderten Machos eine nicht nur wirtschaftliche Avantgarde-Funktion, der sich männliche Chefs oft nicht bewusst sind. Die Einführung in eine Arbeitskultur, in der auch Frauen Direktions- und Entscheidungsfunktionen ganz normal ausüben, kann in vielen Fällen ohne großes Aufhebens geschehen, wie in einer Osmose – einfach durch einen vorgelebten, selbstverständlichen Alltag. Wenn es aber deswegen zum Konflikt kommt, sollte man dieser Situation nicht ausweichen. Gerade im Durchstehen erweist man seinem Gegenüber einen Dienst, auch wenn er das nicht gleich versteht. Und sich selbst tut man auch etwas Gutes.

## Puzzle und Schwert

Woher kommen nun diese unterschiedlichen Sprachsysteme? Sind sie anerzogen, sind sie vererbt? Ich habe
keine Ahnung. Die Lösung dieses Rätsels überlasse ich
gern einschlägigen Forscherinnen und Forschern. Wenn
meine Klientinnen das Gehalt bekommen, das ihnen zu-
steht; den Rang, den sie verdienen; den angemessenen
Respekt; wenn man ihnen zuhört – dann bin ich zufrieden.

Als ich vor einiger Zeit in einem Spielwarenladen war,
erlebte ich folgende Szene: Eine Mutter stand am Regal
mit den Puzzles. Neben ihr war ihr kleiner Sohn, vielleicht sechs oder sieben Jahre alt, mit etwas ganz anderem beschäftigt. Er hielt mit ausgestreckten Armen und
völlig fasziniert ein Holzschwert vor sich. Als die Mutter
ihn damit sah, bemerkte sie: »Was kannst du denn damit
anderes spielen, als Leute erstechen?«

Einmal abgesehen von dem moralisierenden Unterton handelte es sich um einen klassischen horizontalen
Kommentar, gleich ins Zentrum der Sache: Wie groß
kann denn mit diesem Gegenstand objektiv die Zahl
tatsächlicher Spielmöglichkeiten sein?

Aber die Antwort des kleinen Vertikalos folgte auch
einem klassischen Muster. Er schaute seine Mutter gar
nicht an (Move Talk), starrte unverwandt auf das Schwert
und äußerte dann ein so durchdachtes Argument wie:
»Der Lukas hat aber auch eins!« Keine eigentliche Antwort auf die ihm gestellte Frage, sondern eine Rangfest-
stellung: *Solange der Lukas so ein Ding hat und ich nicht,
steht er über mir. Also will ich auch so eins.*

Ist es von der einen oder der anderen Seite nun böser Wille, wenn sie so aneinander vorbeireden? Wahrscheinlich nicht. Bloß einfältig ist es. Manchmal katastrophal. Oft ziemlich unschuldig.

Kapitel 13

## Zehn Regeln gegen Manipulierbarkeit
oder: Wie man nicht in die Falle gerät

Erste Regel
*Hebe Dir Dein Verständnis für den richtigen Zeitpunkt auf!*

Wenn Dich jemand unsachlich angreift, vielleicht sogar vor allen Kollegen und vor den Vorgesetzten, dann verzichte darauf, ihn zu verstehen. Setz Dich sofort zur Wehr. Frage Dich jetzt nicht, warum er so gemein zu Dir ist, wenn Du ihm gar nichts getan hast. Im Zweifelsfall trifft immer ein Grund zu: Womöglich hatte er eine schwere Kindheit. Du bist jetzt aber nicht in einer therapeutischen Sitzung. Dein Bemühen um Verständnis kannst Du Dir für später aufsparen. Jetzt geht es um *Deinen* Ruf, *Deine* Position, *Deine* Selbstachtung. Das genügt erst einmal als Grund zur Verteidigung!

Zweite Regel
*Es kann Dir auch mal völlig egal sein, was die anderen Frauen sagen!*

Wenn es ganz blöd läuft, werden sie Dich eingebildet finden, überheblich, unangenehm. Du hast den Mund aufgemacht, Deine Leistung herausgestellt, eine Forderung (nur) für Dich erhoben? Dann hast Du etwas gemacht, was im horizontalen System als unfein gilt. Aber Du kommst in einer Organisation nicht darum herum, wenn nicht nur Frauen mit Dir arbeiten. Diesem Dilemma kannst Du nicht ausweichen! Stell Dich darauf ein, dass Dich nicht mehr alle Geschlechtsgenossinnen gut finden – und hak' das ab.

## Dritte Regel
*Vertraue nicht darauf, dass sich Deine Freundlichkeit beruflich immer auszahlt!*

Solange das klappt, kannst Du Dich glücklich schätzen. Aber was machst Du, wenn Du auf unsoziale Zeitgenossen stößt? Auf intrigante Kollegen? Auf übergriffige Chefs? Dann musst Du mit dieser freundlichen Haltung schon sehr aufpassen, damit Du Dich nicht selbst als Opfer empfiehlst. Natürlich ist Freundlichkeit eine Tugend. Aber es ist gefährlich, alles nur auf die Nettigkeitskarte zu setzen. Oft bekommst Du dafür nämlich gute Worte und freundliche Gesten, aber keine Macht, kein Geld und keine Ressourcen. Wenn es Dir genügt, das Blumenmädchen bei den Honoratioren zu sein, dann mach' das. Dass Kaiserin Sissi ein blutiges Ende fand, wird meistens verdrängt.

## Vierte Regel
*Sei misstrauisch, wenn Frauen sagen: »Auf ein solches Niveau lasse ich mich gar nicht erst ein!«*

Denn falls sie damit die Rang- und Rivalitätsspiele der Leute aus einem vertikalen System meinen, hört sich das nach einem echten Loser-Motto an. Natürlich kannst Du mit dieser Prinzessin-auf-der-Erbse-Einstellung das Spielfeld verlassen. Nur sitzt Du dann auf der Ersatzbank. Da kann man auch leben, natürlich. Aber ob Du von dort jemals wieder eingewechselt wirst, ist ziemlich fraglich. Du kannst das Spiel insgesamt blöd finden. Aber wenn Du willst, dass man Dich in diesem Arbeitskontext wahrnimmt, musst Du Dich bemerkbar machen. Das schafft man aber nicht von außen.

Fünfte Regel
*Ein Flirt mit dem Chef kann Dir mehr schaden, als Du möchtest!*

Wenn Dein Flirt nicht zu weit geht, mag das noch ganz angenehm sein. Aber wenn Du etwas durchsetzen willst, dann geh' sparsam um mit Deinem Flirtreflex (dann ist es übrigens auch gar kein *Reflex* mehr). Andernfalls bekommst Du am Ende überall höchste Sympathiewerte, aber beruflichen Respekt vor Deiner Kompetenz haben die Jungs *gerade wegen* Deines Flirtreflexes ganz bestimmt nicht! Im echten Konfliktfall bedeutet ein unkontrollierbarer Flirtreflex schlicht und einfach die Niederlage, sonst nichts.

Sechste Regel
*Glaub nicht, der Klaps auf den Hintern sei harmlos!*

Davon stirbt man nicht, unbestritten. Aber manchmal fängt damit in Gruppen der soziale Tod an. Berührungen bei der Arbeit sind in Ordnung, wenn sie so unpersönlich bleiben wie das Berühren eines Werkstücks und nicht übergriffig gemeint sind. Doch das eigene Gesäß, die Beine, gar die Brust, das Gesicht, die Haare – da darf man sich überhaupt nichts gefallen lassen! Sich dort ohne Gegenwehr berühren zu lassen, kann man nicht herunterspielen ohne Einbußen an Autorität; ganz abgesehen von der persönlichen Demütigung. Natürlich sollte eine Reaktion angemessen sein. Aber es gibt tatsächlich Übergriffe, da ist sogar eine Ohrfeige angemessen.

Siebte Regel
*Überlege Dir gut, wann Du mit wem bei der Arbeit private Informationen teilst!*

Denn nicht einmal in reinen Frauengruppen wird das immer geschätzt! Die Schulprobleme Deiner Kinder können in der Tat bei Kolleginnen auf Mitgefühl stoßen; bei den Kollegen ist das schon viel unwahrscheinlicher. Wenn Du aber die Chefin bist, dann solltest Du Dich mit solchen Informationen zurückhalten! Damit stuft man sich im Rang nämlich bei vielen Männern freiwillig herunter. Und Intrigantinnen liefert man Munition.

Achte Regel
*Erwarte nicht, dass Deine gute Leistung von Männern automatisch gewürdigt wird!*

Erstens bedeutet eine schriftlich ersichtliche Leistung für viele männliche Chefs und Kollegen viel weniger, als Du meinst, manchmal gar nichts. Zweitens haben Chefs in großen Organisationen gar nicht die Zeit, die Leistung Einzelner wirklich zu verstehen. Drittens erwarten sie, dass man die eigene Leistung darstellt! Das ist ganz anders als in einem horizontalen System, wo man lernt, nicht aufzufallen und sich lieber als eine unter vielen zu tarnen. Also rede über Dich und verlange auch etwas für Dich!

Neunte Regel
*Sei zurückhaltend mit Deinem Anspruch, überall und jederzeit authentisch zu sein!*

Denn Vorsicht! Wenn Du gut mit Deiner Seele umgehen willst, dann hüte Dich vor Überidentifikationen mit Deiner Arbeit! Eben weil Dein Ich größer ist und mehr umfasst als Deine berufliche Rolle, solltest Du sie ernst nehmen. Für diese Rolle wirst Du bezahlt, in ihrer Begrenztheit ist sie auch ein Schutz für Dich. Angriffe müssen dann nicht mehr so tief gehen. Innerhalb dieser Rolle hast Du viele Freiheiten und kannst so authentisch sein, wie Du willst. Lass Dich behüten von Deinem Rollenkostüm! Zu viel schrankenlose Authentizität macht Dich zu verwundbar. Sich gegenüber Männern in deren Sprache verständlich zu machen ändert an Deiner Authentizität übrigens gar nichts.

Zehnte Regel
*Falle nicht auf jede Schwärmerei von einer großartigen weiblichen Zukunft herein!*

Auch Gesundbeterei hat Vorteile, ganz bestimmt. Man muss nur daran glauben und lang genug immer dieselben Mantras wiederholen, schon gelangt man in Trancezustände. Wer allerdings die Augen aufmacht, sollte nicht Wünsche mit Realitäten verwechseln. Dass es zum Beispiel so viele Frauen mit hohen Bildungsabschlüssen und besten Noten gibt, sagt nachweislich nicht das Geringste darüber aus, ob Frauen in Leitungspositionen gelangen. Wir sind keineswegs schon über den Pass hinaus – sondern immer noch mitten im Aufstieg. Also nicht wundern, wenn es im Gebirge steinig wird und mühsam!

# Literaturverzeichnis

Bücher/Monographien

- Alexijewitsch, Swetlana, Der Krieg hat kein weibliches Gesicht, München 2013
- Allmendinger, Jutta, Frauen auf dem Sprung. Wie junge Frauen heute leben wollen. Die Brigitte-Studie, München 2009
- Andrzejewski, Laurenz, Trennungs-Kultur. Handbuch für ein professionelles, wirtschaftliches und faires Kündigungs-Management, München 2004, 2. Aufl.
- Austin, John, Cubicle Warfare. 101 Office Traps and Pranks, New York 2008
- Badke-Schaub, Petra, et al., Human Factors. Psychologie sicheren Handelns in Risikobranchen, Heidelberg 2008
- Barkalow, Carol, In the Men's House. An inside account of life in the Army by One of West Point's first female graduates, New York 1990
- Bartmann, Christoph, Leben im Büro. Die schöne neue Welt der Angestellten, München 2012
- Bauer, Joachim, Das Gedächtnis des Körpers. Wie Beziehungen und Lebensstile unsere Gene steuern, Frankfurt a. M. 2007, 10. Aufl.
- Ders., Warum ich fühle, was du fühlst: Intuitive Kommunikation und das Geheimnis der Spiegelneurone, München 2006
- Baumeister, Roy F., Wozu sind Männer eigentlich überhaupt noch gut?, Bern 2012
- Bischoff, Sonja, Wer führt in (die) Zukunft? Männer und Frauen in Führungspositionen der Wirtschaft in Deutschland – die 5. Studie, Hamburg 2010
- Bourdieu, Pierre, Die feinen Unterschiede. Kritik der gesellschaftlichen Urteilskraft, Frankfurt 1987
- Bröckling, Ulrich, Das unternehmerische Selbst. Soziologie einer Subjektivierungsform, Frankfurt 2007
- Chesler, Phyllis, Woman's Inhumanity to Woman, Chicago 2009

- D'Eramo, Marco, Das Schwein und der Wolkenkratzer. Eine Geschichte unserer Zukunft, Hamburg 1998
- Despentes, Virginie, King Kong Theorie, Berlin 2009
- Dies., Apokalypse Baby, Berlin 2012
- Dusini, Matthias/Edlinger, Thomas, In Anführungszeichen. Glanz und Elend der Political Correctness, Berlin 2012
- Eggler, Anitra, Facebook macht blöd, blind und erfolglos. Digital-Therapie für Ihr Internet-Ich, Zürich 2013
- Eldinger, Jan Philipp, Vertrauen und Gewalt. Versuch über eine besondere Konstellation der Moderne, München 2008
- El Feki, Shereen, Sex und die Zitadelle, Liebesleben in der sich wandelnden arabischen Welt, München 2013
- Everett, Daniel, Don't Sleep, There Are Snakes. Life and Language in the Amazonian Jungle, London 2008
- Fengler, Jörg/Sanz, Andrea (Hg.), Ausgebrannte Teams. Burnout-Prävention und Salutogenese, Stuttgart 2011
- Fisher, Roger et al., Das Harvard-Konzept. Der Klassiker der Verhandlungstechnik, Frankfurt–New York 2004, 22. Aufl.
- Foley, Michael, The Age of Absurdity. Why Modern Life makes it Hard to be Happy, London 2010
- Foucault, Michel, Überwachen und Strafen. Die Geburt des Gefängnisses, Frankfurt 1994
- Friebe, Holm/Lobo, Sascha, Wir nennen es Arbeit. Die digitale Boheme, München 2009
- Frink, Silke, Der Feminine Stil. Businessmode für Frauen, Planegg 2007
- Dies., Muttersöhnchen. Vom Schaden weiblicher Erziehung, München 2011
- Funken, Christiane, Managerinnen 50plus – Karrierekorrekturen beruflich erfolgreicher Frauen in der Lebensmitte (Hg. vom Bundesministerium für Familie, Senioren, Frauen), Berlin 2011
- Geißlinger, Hans, Die Imagination der Wirklichkeit. Experimente zum radikalen Konstruktivismus, Berlin 2012
- Ders. (Hg.), Überfälle auf die Wirklichkeit. Berichte aus dem Reich der Story Dealer, Heidelberg 1999

244

- Goetz, Rainald, Johann Holtrop, Berlin 2012
- Groos, Heike, Ein schöner Tag zum Sterben. Als Bundeswehr-ärztin in Afghanistan, Frankfurt a. M. 2009
- Hall, Edward T., Beyond Culture, New York 1976
- Ders., The Hidden Dimension, New York 1990
- Ders., The Silent Language, New York 1990
- Höfner, E. Noni, Glauben Sie ja nicht, wer Sie sind! Grundlagen und Fallbeispiele des Provokativen Stils, Heidelberg 2012, 2. Aufl.
- Hornby, Gill, The Hive. There's Only Room for One Queen Bee, London 2013
- Hunger, Herbert, Lexikon der griechischen und römischen Mythologie, Hamburg 1974
- Hustvedt, Siri, Der Sommer ohne Männer, Hamburg 2012
- Illouz, Eva, Warum Liebe weh tut, Berlin 2011
- Jeska, Andrea, Wir sind kein Mädchenverein. Frauen in der Bundeswehr, München 2010
- Jung, Carl Gustav, Psychologie und Alchemie. In: Gesammelte Werke, Ostfildern 2011, 3. Aufl.
- Kets de Vries, Manfred F. R., Führer, Narren und Hochstapler. Die Psychologie der Führung, Stuttgart 2004, 2. Aufl.
- Keuthen, Monika, Achtung: Kollegin. Wie Frauen mit weiblicher Konkurrenz souveräner umgehen können, München 2004
- Kimich, Claudia, Um Geld verhandeln. Gehalt, Honorar und Preis, München 2010
- Kleist, Heinrich von, Lehrbuch der französischen Journalistik, in: Ders., Sämtliche Werke und Briefe. Hg. v. Helmut Sembdner, München 1993, 9. Aufl.
- Klusmann, Steffen (Hg.), Töchter der deutschen Wirtschaft. Weiblicher Familiennachwuchs für die Chefetage, München 2008
- Knaths, Marion, Spiele mit der Macht, München 2009
- Koelbl, Herlinde, Spuren der Macht. Die Verwandlung des Menschen durch das Amt, München 2010

- Dies., Kleider machen Leute, Ostfildern 2012
- Kucklick, Christoph, Das unmoralische Geschlecht. Zur Geburt der Negativen Andrologie, Frankfurt a. M. 2008
- Lakoff, Robin Tolmach, Talking Power. The Politics of Language, Berkeley 1990
- Lind, Georg, et al., Haben Frauen eine andere Moral? Eine empirische Untersuchung von Studentinnen und Studenten in Österreich, der Bundesrepublik Deutschland und Polen, Konstanz 1986
- Lindstrom, Martin, Brandwashed. Was du kaufst, bestimmen die anderen, Frankfurt–New York 2012
- Mahr, Albrecht, Konfliktfelder – Wissende Felder. Systemaufstellungen in der Friedens- und Versöhnungsarbeit, Heidelberg 2003
- Matijević, Daniela, Mit der Hölle hätte ich leben können. Als deutsche Soldatin im Auslandseinsatz, München 2010
- McKinsey & Company (Baumgarten, Pascal/Desvaux, Georges/Devillard-Hoellinger, Sandrine), Women Matter. Gender diversity, a corporate performance driver, Paris 2007
- Ders. (Desvaux, Georges/Devillard, Sandrine), Women Matter II. Female Leadership, a competitive edge for the future, Paris 2008
- Ders. (Desvaux, Georges/Devillard, Sandrine/Sancier-Sultan, Sandra), Women Matter III. Women leaders, a competitive edge in and after the crisis, Paris 2009
- Ders. (Desvaux, Georges/Devillard, Sandrine/Sancier-Sultan, Sandra), Women Matter IV. Women at the top of corporations: Making it happen, Paris 2010
- Modler, Peter, Das Arroganzprinzip, Frankfurt 2009, 9. Aufl.
- Ders., Die Königsstrategie, Frankfurt 2012
- Moreno, Jacob Levy, Psychodrama und Soziometrie, Köln 2001
- Morozov, Evgeny, The Net Delusion. The Dark Side of Internet Freedom, New York 2011
- Neumann, Erich, Amor und Psyche. Eine tiefenpsychologische Deutung, Olten 1971

- Patai, Daphne/Koertge, Noretta, Professing Feminism. Education and Indoctrination in Women's Studies, Expanded Edition, Oxford 2003
- Pinker, Susan, Das Geschlechter-Paradox. Über begabte Mädchen, schwierige Jungs und den wahren Unterschied zwischen Männern und Frauen, München 2008
- Rogers, Carl R., Die klientenzentrierte Gesprächspsychotherapie, Frankfurt a. M. 1993
- Rosenberg, Marshall B., Gewaltfreie Kommunikation. Eine Sprache des Lebens, Paderborn 2010, 9. Aufl.
- Rosselet, Claude/Senoner, Georg, Management Macht Sinn. Organisationsaufstellungen in Managementkontexten, Heidelberg 2010
- Sandberg, Sheryl, Lean In. Women, Work and the Will to Lead, New York 2013
- Schoenberg, Judy/Salmond, Kimberlee/Fleshman, Paula, Change it up! What Girls Say About Redefining Leadership. Report from the Girl Scout Research Institute, New York 2008
- Simon, Hermann, Hidden Champions – Aufbruch nach Globalia. Die Erfolgsstrategien unbekannter Weltmarktführer, Frankfurt a. M. 2012
- Sprenger, Reinhard K., Radikal führen, Frankfurt–New York 2012
- Steinhof, Ruth, Untersuchung über den Umgang mit weiblicher Schuld, München o. J.
- Tannen, Deborah, Talking from 9 to 5. Women and men in the workplace: Language, sex and power, New York 1995
- Dies., That's Not What I meant. How conversational style makes or breaks your relations with others, London 2010
- Vincent, Norah, Enthüllungen. Mein Jahr als Mann, München 2007
- Virilio, Paul, Rasender Stillstand. Essay, Frankfurt 2008, 4. Aufl.
- Wallace, David Foster, Das hier ist Wasser, Köln 2012, 6. Aufl.
- Watzlawik, Paul, Vom Schlechten des Guten oder Hekates Lösungen, München 1986

- Ders., Wie wirklich ist die Wirklichkeit? Wahn, Täuschung, Verstehen, München 2011, 9. Aufl.
- Williams, Kayla, Jung, weiblich, in der Army. Ich war Soldatin im Krieg, München 2006
- Yamamoto, Tsunetomo, Hagakure. Der Weg des Samurai, München 2000, 2. Aufl.
- Zajček, Jasna, Unter Soldatinnen. Ein Frontbericht, München 2010

## Beiträge aus Zeitschriften und Zeitungen

- Blawat, Katrin, Die vergessene Entdeckerin. Die Forscherin Rosalind Franklin, in: Süddeutsche Zeitung, 25. 4. 2013, 24
- Böttcher, Dirk, Mein Tisch. Mein Stuhl. Mein Schrank., in: brand eins 5/2013, 62–69
- Ders., Das Private? Ist in Arbeit, in: brand eins 8/2013, 91–95
- Brost, Marc/Dausend, Peter, Ich war der »Scholzomat«. Interview mit Olaf Scholz, in: Die Zeit, 20. 6. 2013, 10 f.
- Dürr, Alfred, Schöne neue Bürowelt, in: Süddeutsche Zeitung, 9. 8. 2012, 14
- Editorial of the Times, Working From Home, in: New York Times International Weekly, 8. 3. 2013, 2
- Faller, Heike, Vom Himmel auf Erden. Ein Gespräch mit dem Sexualpsychologen Joseph Ahlers, in: Zeit-Magazin 18/2013, 24–32
- Fromm, Thomas, Mobiles Einsatzkommando, in: Süddeutsche Zeitung, 26. 7. 2011, 26
- Gillies, Judith-Maria, Auf dem Weg in die Beletage, in: Financial Times Deutschland, 15. 6. 2012, A8
- Gourevitch, Philip/Morris, Errol, Exposure. The woman behind the camera at Abu Ghraib, in: The New Yorker, 24. 3. 2008, 44–57
- Gross, Thomas, »Ich bin eine schreckliche alte Dame«. Interview mit Juliette Gréco, in: Die Zeit, 13. 9. 2012, 47
- Krischke, Wolfgang, Kurze Sätze gut, in: Die Zeit, 12. 7. 2012, 31

- Kümmel, Peter, Geld? Nein, Weiber, Männer, Orgien! Interview mit René Pollesch und Harald Schmidt, in: Die Zeit, 30. 8. 2012, 60 f.
- Kutter, Inge, Die Schöne und das Personalbiest, in: Die Zeit, 31. 5. 2012, 36
- Mark, Gloria, et al., A Pace Not Dictated By Electrons. Vortrag vor der Association for Computing Machinery's Computer-Human Interaction Conference, 7. 5. 2012, Austin (Pressemitteilung der University of California, Irvine, vom 3. 5. 2012)
- Martenstein, Harald, Der Terror der Tugend, in: Die Zeit, 6. 6. 2012, 13 ff.
- McGrath, Ben, Queen of the D-League. How does a woman coach a men's basketball team?, in: The New Yorker, April 25th 2011, 24 ff.
- Mertens, Margit, Multitasking macht krank, in: Badische Zeitung, 14. 2. 2012, 32
- Mühlauer, Alexander, »Sex ist laut und sozial unverträglich«. Interview mit Robert Pfaller, in: Süddeutsche Zeitung, 22. 3. 2013, 24
- Niejahr, Elisabeth/Ulrich, Bernd, Wie weiblich wird's noch, in: Die Zeit, 22. 12. 2012, Nr. 51
- Nicodemus, Katja, Bonds Chefin, in: Die Zeit, 25. 10. 2012, 15 f.
- Dies., »Die Kamera ist meine Geliebte«. Interview mit Michael Caine, in: Die Zeit, 31. 10. 2012, 51
- Öchsner, Thomas, Geschlossene Gesellschaft, Interview mit Thomas Sattelberger, in: Süddeutsche Zeitung, 29. 10. 2012, 18
- Pfaller, Robert, Interview in: Süddeutsche Zeitung, 22. 3. 2013
- Rappel, Jan, et al., Info-Graphik zu »Graffiti«, in: Die Zeit, 22. 3. 2012, 45
- Richtel, Matt, Advice from the digerati: Log off from time to time, in: International Herald Tribune, 25. 7. 2012, pp 1/15
- Schmitz, Thorsten, Zum Sterben schön, in: Süddeutsche Zeitung, 22. 7. 2013, 3
- Schnabel, Ulrich, Hitliste der Erschöpfung, in: Die Zeit, 31. 5. 2012, 24

- Schnerring, Almut/Verlan, Sascha, Rhetorik für Frauen. Was bringen Kommunikationstrainings? Feature-Manuskript der Sendung vom 15.11.2012, SWR 2 Baden-Baden
- Schönberger, Birgit, »Will ich mich weiter kränken lassen?« Interview mit Christiane Funken, in: Psychologie Heute, März 2013, 76–81
- Siems, Dorothea, Was Frauen wollen, in: Die Welt, 25.4.2013, 18
- Tannen, Deborah, The Power of Talk. Who gets heard and why, in: Harvard Business Review, Sept–Oct 1995, 138 ff.
- Tenaillon, Nicolas, Die Kunst, immer Recht zu behalten, in: Philosophie, Febr/März 2012, 63
- Tierney, John, Cry for Relief From the Din Of Cubicles, in: The New York Times/Süddeutsche Zeitung, 29.5.2012, 1
- Tutmann, Linda, Nach dem Spiel ist vor dem Spiel, in: Die Zeit, 6.6.2012, 74
- Uhlmann, Berit, Der Herr der Dinge, in: Süddeutsche Zeitung, 26.9.2012, 22
- Von Uslar, Moritz, 99 Fragen an Helmut Dietl, in: ZEIT Magazin, 19.1.2012, 37–40

## Beiträge und Dokumentationen von Homepages

- Adorjàn, Johanna, Madeleine Albright im Gespräch – Wie man Männer unterbricht, in: FAZ online, 22.4.2013
- Bosse, Katja, My home is my office, in: Zeit online, 14.7.2011
- Boyd, E. B., Where is the Female Mark Zuckerberg?, in: www.modernluxury.com/san-francisco/story/where-the-female-mark-zuckerberg, 22.11.2011
- Bundesministerium der Justiz, Allgemeines Gleichbehandlungsgesetz (AGG), Ausfertigungsdatum 14.8.2006, zuletzt geändert 5.2.2009, www.juris.de
- Burger, Jerry, Replicating Milgram, in: Association for Psychological Science, Dezember 2007, http://www.psychological-science.org
- Etcoff, Nancy et al., Cosmetics as a Feature of the Extended

Human Phenotype: Modulation of the Perception of Biologically Important Facial Signals, PLoS ONE 6(10): e25656, www.plosone.org

- Goudreau, Jenna, Crying At Work, A Women's Burden, in: www.forbes.com/sites/jennagoudreau/2011/01/11/crying-at-work-a-womans-burden-study-men-sex-testosterone-tears-arousal/
- Hewlett, Sylvia Ann/Luce, Carolyn Buck, Off-Ramps and On-Ramps: Keeping Talented Women on the Road to Success, in: http://www.uwlax.edu/faculty/giddings/ECO336/week_3/off_ramps_and_on_ramps.pdf
- Hollstein, Walter, Invasion der Loser. Abschied vom starken Geschlecht, in: www.sueddeutsche.de, 8.7.2013
- Jellenko-Dickert, Brigitta, Frauen im Business und wie sie sich »besser verkaufen«, 22.11.2011, www.fuehrungskraefte-blog.de
- Kuhla, Ramona, Frauen an der Macht: Schluss mit freundlich!, in: www.agensev.de, 19.6.2012
- Kummermehr, Jens, Arroganz ist eine Krankheit!, in: www.blog.my-skills.com, 8.11.2011
- Poczter, Sharon, For Women In the Workplace, It's Time to Abandon ›Have It All‹ Rhetoric, in: http://www.forbes.com/sites/realspin/2012/06/25/for-women-in-the-workplace-its-time-to-abandon-have-it-all-rhetoric/
- Ruffle, Bradley J./Shtudiner, Zeev, Are Good Looking People More Employable?, in: Social Science Research Network, Last revised Version June 27, 2013, www.ssrn.com
- Seligson, Hannah, Ladies, Take off Your Tiara! in: www.huffingtonpost.com/hannah-seligson/ladies-take-off-your-tiara_b_41649.html, 20.2.2007

## Filme

- Gervais, Ricky/Merchant, Steven (Regie), The Office. BBC – Die erste Staffel (DVD), BBC Germany 2009
- Kurosawa, Akira, Rashomon (DVD), Concorde 1951

- Price, Adam/Gram, Jeppe Gjervig/Lindholm, Tobias (Drehbuch), Borgen. Gefährliche Seilschaften. Die komplette erste Staffel (DVD), Hamburg 2012
- Rosenberg, Marshall B., Liebst du mich? Rollenspiel Wolf und Giraffe, in: www.youtube.com
- Wells, John (Regie), Company Men (DVD), Universum Film 2011

Peter Modler
**Das Arroganz-Prinzip**
So haben Frauen mehr Erfolg im Beruf

Band 18433

Im Gegensatz zu Frauen nutzen Männer Sprache als Macht-
instrument, senden völlig andere Körperbotschaften und
zeigen ein extremes Revierverhalten. Diesen Machtdemons-
trationen begegnet Frau am besten mit Arroganz – nicht als
Haltung, sondern als Werkzeug. Wie das konkret funktioniert, praktiziert Peter Modler seit Jahren in seinen Arroganz-
Trainings® für Frauen, in denen typische Situationen aus dem
Berufsleben in Rollenspielen nachgestellt werden. Seine er-
staunlichen Erkenntnisse und Tipps veranschaulicht Modler
mit Hilfe zahlreicher Beispiele, mit denen Frauen lernen, wie
sie sich im Alltag besser durchsetzen können.

»Der Mann, dem mächtige Frauen vertrauen:
Peter Modler, Arroganzcoach«
*Neon*

Fischer Taschenbuch Verlag

fi 18433 / 1

Peter Modler
**Die Königsstrategie**
So meistern Männer berufliche Krisen
272 Seiten. Gebunden

Warum sind Chefs so wie sie sind? Wie halten sie dem enormen Druck ihrer Rolle stand – auch wenn ihre Gesundheit beschädigt wird oder ihre Liebesfähigkeit darunter leidet? Warum ist ihnen der Preis für die Macht selten zu hoch?

Viele Männer fühlen sich in beruflich bedrohlichen Situationen wie Ertrinkende, die sich nur noch mühsam über Wasser halten, aber jede Übersicht verloren haben. Wie gewinnen sie in solchen Krisen eine königliche Handlungsfreiheit zurück?

Bestsellerautor Peter Modler zeigt, wie Männer Auswege finden, wenn die Hochstress-Falle zuschnappt. Und wie Frauen Männer in beruflichen Krisen besser verstehen können.

Krüger Verlag